东非裂谷盆地
油气地质特征与勘探潜力

李浩武　曹庆超　周　超　张宁宁　李　谦　著

石油工业出版社

内 容 提 要

本书主要针对东非裂谷系 Albertine 地堑、Turkana 盆地、Edward 裂谷、Kivu 裂谷、Tanganyika 裂谷、Rukwa 地堑和 Malawi 裂谷,分别从油气勘探历程、区域构造演化及基本构造格局、关键界面与地层岩性、基本石油地质条件、油气富集主控因素及聚集规律五个方面展开系统论述,建立关于东非裂谷系的宏观认识,并以已发现油气田为落脚点,在横向类比分析基础上,从已知推测未知,建立七个重点盆地的油气地质格架,总结东非裂谷系油气成藏主控因素与富集规律,优选有利勘探区块,指出 Tanganyika 等前沿勘探区的油气勘探潜力和方向。

本书可供从事海外油气勘探的科研人员、管理人员及大专院校相关专业师生参考阅读。

图书在版编目(CIP)数据

东非裂谷盆地油气地质特征与勘探潜力 / 李浩武等

著 .—北京:石油工业出版社,2023.5

ISBN 978-7-5183-4291-4

Ⅰ.① 东… Ⅱ.① 李… Ⅲ.① 裂谷盆地—油气藏形成—地质特征—东非②裂谷盆地—油气勘探—地质勘探—东非 Ⅳ.① P618.13

中国版本图书馆 CIP 数据核字(2020)第 208973 号

审图号:GS(2022)137 号

出版发行:石油工业出版社

　　　　(北京安定门外安华里 2 区 1 号　　100011)

　　　　网　　址:www.petropub.com

　　　　编辑部:(010)64253017　　图书营销中心:(010)64523633

经　　销:全国新华书店

印　　刷:北京中石油彩色印刷有限责任公司

2023 年 5 月第 1 版　　2023 年 5 月第 1 次印刷

787×1092 毫米　　开本:1/16　　印张:12.5

字数:320 千字

定价:150.00 元

前言 /PREFACE

东非陆上裂谷系即东非大裂谷，为中新世开始形成的系列陆内裂谷盆地，发育东、西两支。其中，西支从北向南主要发育 Albertine、Tanganyika 和 Malawi 等六个裂谷，总面积超过 $11 \times 10^4 km^2$，跨乌干达、刚果（金）、坦桑尼亚等国，向南延伸至莫桑比克境内；东支主要发育 Turkana、Lokichar 和 Magadi 等系列小型裂谷，总面积超过 $9 \times 10^4 km^2$，跨肯尼亚、埃塞俄比亚和坦桑尼亚三个国家。

宏观来看，东非裂谷系具备良好的油气成藏条件，是全球为数不多的陆上低勘探潜力区，类比预测整个裂谷系待发现石油可采资源超过 $130 \times 10^8 bbl$，值得进一步密切关注。截至目前，东非裂谷系总体勘探程度较低，绝大部分盆地处于前沿勘探阶段，仅在西支北段的 Albertine 裂谷东侧（乌干达境内）和东支中段的 Lokichar 盆地（肯尼亚境内）实施了钻探，共发现油田 29 个，2P 可采储量 $30 \times 10^8 bbl$，探井成功率均超过 60%。

东非陆上裂谷系油气成藏要素包括：古近系尤其是中新统优质湖相烃源岩在火山作用催熟下，生油潜力大；断陷湖盆长短轴普遍发育各类三角洲沉积体系，埋深浅、储层物性好；旋回性气候变化与主控断裂幕式活动形成了有利成藏组合；断块和断鼻圈闭普遍发育；晚期构造运动较弱，主力成藏期晚于大规模火成岩形成期，已有油气聚集遭受破坏小，总体保存条件有利。

本书在类比分析的基础上，系统梳理了 Albertine、Turkana、Edward、Kivu、Tanganyika、Rukwa 和 Malawi 裂谷的油气地质条件，总结了已发现油气田聚集规律，指出了盆地未来的勘探主攻方向。其中，Albertine 盆地基本为平底地堑结构，砂体规模和平面分布范围相对于半地堑型裂谷盆地更加广泛。气候波动变化形成多层砂泥岩互层结构，油气大多发现于断裂上盘圈闭和湖盆北部的斜坡，断陷期局部性泥岩盖层在油气成藏中发挥的作用更大，未来刚果（金）一侧具有很大的勘探潜力。Lokichar 盆地已发现油田主要位于边界断层滚动背斜中，三角洲平原和前缘为最主要储集体，油藏受构造和岩性联合控制。主力烃源岩 Lokhone 组大规模生烃和排烃时间均晚于火山喷发期，火山活动并未对油气成藏起到破坏作用，反而在一定程度上促进了烃源岩的成熟生烃。盆地西部各层系砂地比适中，容易形成构造或岩性油气藏，盆地东部各层系纵向砂体连续发育，盖层发育程度低且容易遭受断层破坏，在一定程度上影响了其潜力。类比 Albertine 地堑重力资料，认为 Edward 盆地沉积盖层厚度小，进入生烃窗的面积有限，推测其油气勘探潜力将受到一定限制。Kivu 裂谷湖面覆盖区沉积盖层厚度太小，不足以埋藏达到成熟生烃阶段，可基本明确该区域不具备油气勘探潜力。Tanganyika 裂谷面积大，沉积盖层厚度大，类比推测生储盖等基本油气成藏条件均具备，目前已在南部地震剖面上观察到疑似油气聚集的地震反射特征。边界断层上盘滚动背斜、盆地内部调节带、斜坡带砂体与碳酸盐岩等均可成为未来勘探目标，勘探潜力较大。Rukwa 地堑 Karoo 超群内煤层和碳质泥岩层为优质的生气源岩，盆地将以天然气聚集为主。新生界湖相地层、红色砂岩层和 Karoo 超群内的砂岩层厚度大、物性好，都具有很好的储集潜力。但 Rukwa 地堑各主要层系基本均形成于超补偿沉积环境，对厚层泥岩盖层发育不利，在圈闭受断层改造较严重的情况下，较难形成大规模天然气聚集。类比推断 Malawi 裂谷具备基本的油气成藏条件，中北部地堑形成早、沉积盖层厚度大，石油地质条件好于南部地区。盆地南部形成晚，沉积盖层厚度太薄，难以满足烃源岩大规模成熟生烃的条件。

本书是在国家科技重大专项2016ZX05029-003部分研究成果的基础上撰写的。在撰写过程中，得到了童晓光院士、王建君教授、史卜庆教授、温志新教授等领导和专家的悉心指导与帮助，谨在此表示诚挚感谢！

目录 /CONTENTS

第一章　东非裂谷概况

第一节　区域构造

东非裂谷（East Africa Rift System，简称 EARS）是世界上最大的陆上断裂带，地表延伸长度达 4600km，沿东非裂谷发育了一系列相邻的独立裂谷盆地，各盆地被隆起的裂谷肩部所分隔。每个盆地属于受控边界断层的沉降地堑或地槽，通常长度在数百千米，宽度数十千米，内部充填沉积层和（或）火山岩，并形成 Victoria 湖、Malawi 湖、Tanganyika 湖、Edward 湖及 Albert 湖等一系列大型湖泊（图 1-1）。

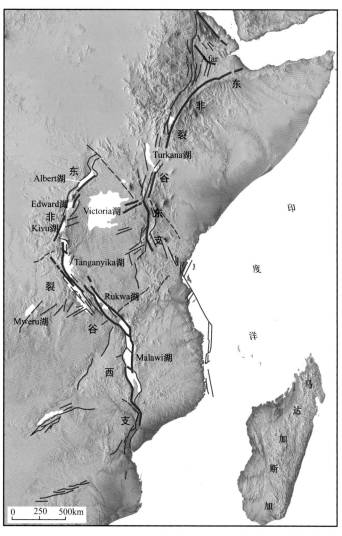

图 1-1　东非裂谷构造格架及地形展布

东非裂谷主要可划分东西两支。东支延伸长度约 2200km，北起埃塞俄比亚 Afar 三角带，向南包含埃塞俄比亚裂谷、Omo-Turkana 裂谷、Gregory 裂谷，终止于坦桑尼亚北部。西支延伸长度为 2100km，北段包括 Albert 裂谷、Edward 裂谷、Kivu 裂谷，其主要呈北北东向展布；中段呈北西—南东向展布，包括 Tanganyika 裂谷和 Rukwa 裂谷；南段为 Malawi 裂谷及其以南的小盆地，主要方向为南北向。

东非裂谷西支最古老沉积层系为石炭系—二叠系—三叠系 Karoo 超群，其直接覆盖于前寒武系基底之上。Karoo 超群的形成主要与 Pangaea 超级大陆的裂解而引发的构造活动相关。伴随着超级大陆的裂解，Rukwa 与 Ruhuhu 地堑开始沉积 Karoo 超群。与此同时，南部非洲其他 Karoo 期盆地也开始形成。Karoo 期沉积层最底部由冰碛岩构成，在二叠纪末至三叠纪初，作为对陆内裂谷盆地发育的响应，冰碛岩之上沉积了河流—湖泊相层序。

第二节　新生代裂谷作用的时空演变

东非裂谷系（EARS）新生代的裂谷作用可以分为两个主要阶段：一是渐新世—早新世中期肯尼亚北部至埃塞俄比亚南部的快速裂谷作用阶段，称为"EARS-1"；二是中新世中期至今的裂谷作用阶段，称为"EARS-2"。其中，EARS-1 起始于肯尼亚北部和埃塞俄比亚北部 Afar 一带，EARS-2 起源于中—晚中新世的低洼凹陷和浅裂谷（图 1-2）。EARS-2 位于东非裂谷系西支，其起始时间具有向南变新的趋势，乌干达 Albertine 地堑为中新世中期，向南至达 Rukwa 和 Malawi 盆地为中新世晚期。同样，东支自肯尼亚向南到达裂谷系末端，裂谷作用开始时间也均具有向南逐渐变新的趋势。

一、EARS-1 阶段

EARS-1 裂谷的时空演化（始新世—渐新世—中新世）主要划分为四个阶段（图 1-3，图 1-4）：

（1）28Ma±3Ma（吕珀尔期），该时期为 EARS-1 裂谷的起始时间，主要事件包括：① 大约在 35Ma，肯尼亚北部地区首先出现南北向的新生代裂谷，33—29Ma，Turkana 湖玄武岩强烈喷发，构成了最早的火山活动，而火山活动沿着乌干达逃逸体发育，时间约为中新世（Bellieni 等，1981）。火山出现在肯尼亚北部、肯尼亚中部和 Nyanza 裂谷之间的三联点，此时间大致为 20Ma（Pickford，1982；Fitch 等，1985）。16—14Ma，主要断裂迅速发展，逐渐将 Gregory 裂谷的北部和中部连为一体（Kampunzu 和 Mohr，1991；Smith 和 Mosley，1993）。② Afar 和埃塞俄比亚平原最早产生的小型断裂的时间约为 30Ma（Hoffman 等，1997；Chorowicz 等，1998；Mège 和 Korme，2004），与此同时，三个分叉裂谷交会于 Tana 湖附近，形成一个三联点。29.9—28.7Ma，亚丁湾最先发生裂陷作用，红海最南部发生裂陷的时间介于 27.5—23.0Ma（Hughes 等，1991）；28—25Ma，在埃塞俄比亚喷发大量玄武岩岩浆。③ 约 25Ma，Afar 地区发生规模性裂谷作用（Bosworth，1992）。④ 早期的 Melut 和 Anza 盆地保持活动。⑤ Rukwa 盆地再次发生活动（Roberts 等，2004）（图 1-3a）。

（2）20Ma±2Ma（阿基坦期），该时期为EARS-1裂谷作用高峰期，主要事件包括：① 在肯尼亚Lokichar盆地发育了深湖相页岩（烃源岩）；② 埃塞俄比亚地区泛裂谷带在25—21Ma之间开始发生裂陷作用；③ Suguta盆地开始活动（Morley，1999）；④ 伴随红海裂谷作用和两翼抬升，埃塞俄比亚穹隆（Dome）形成（Guiraud等，2005）；⑤ 开始于渐新世—中新世早期的湖盆裂谷作用（图1-3b）。

（3）15Ma±1Ma（兰盖期），该时期为裂谷系东支EARS-1晚期和西支EARS-2开始时期，主要事件包括：① 在肯尼亚北部，火山活动物质填满裂谷；② 埃塞俄比亚主裂谷南部（Main Ethiopian Rift，简称MER）发生活动；③ Albertine地堑和Semliki地堑开始发育（图1-4a）。

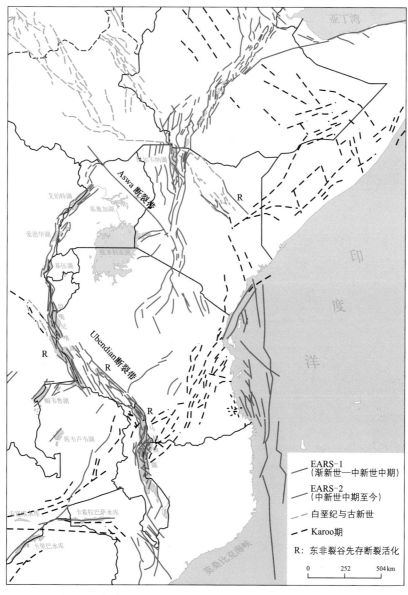

图1-2 东非地区不同阶段断裂分布（据Macgregor，2015）

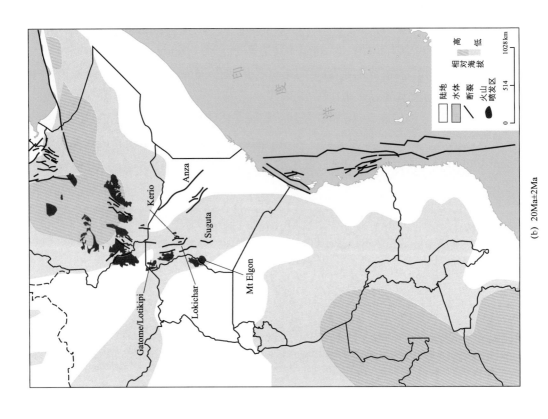

(b) 20Ma±2Ma

(a) 28Ma±3Ma

图 1-3　EARS-1 裂谷起始期与高峰期（据 Macgregor，2015）

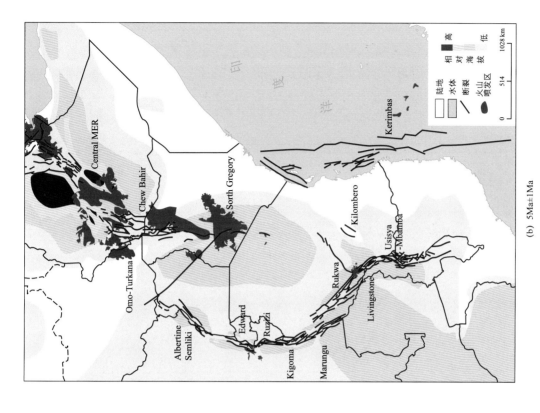

(b) 5Ma±1Ma

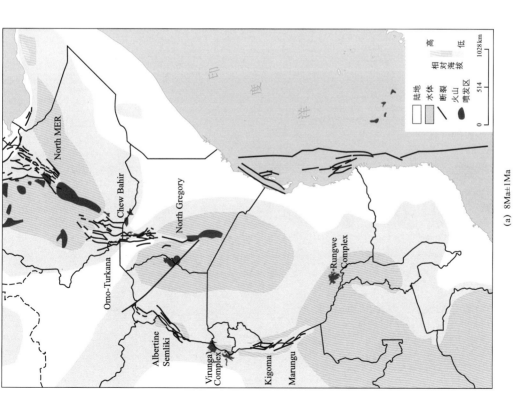

(a) 8Ma±1Ma

图 1-5 EARS-2 裂谷作用平稳阶段（a）和裂谷盆地沉降和发展的主要阶段（b）（据 Macgregor，2015）

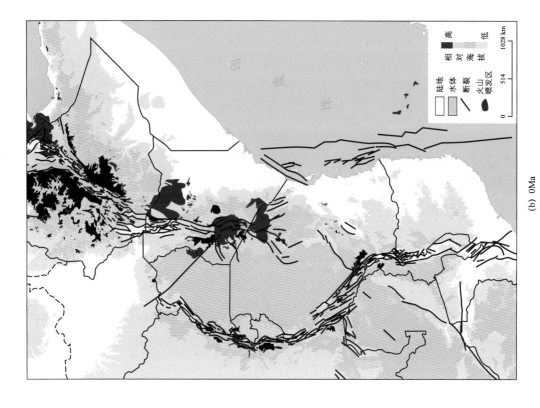

(b) 0Ma

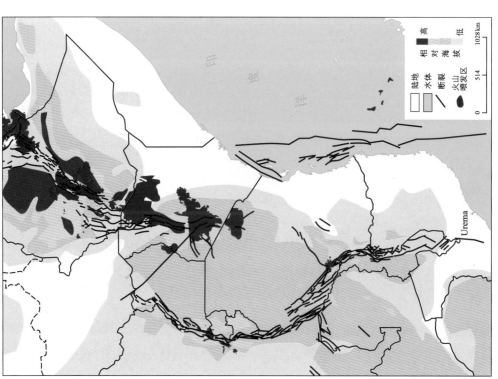

(a) 3Ma±1Ma

图 1-6　EARS-2 盆地在大多情况下处于主要的同裂谷期（a）及现今情况（b）

东非裂谷的航遥地貌图显示了从渐新世到现今阶段裂谷系的边界断层，包括 Okavango 裂谷带，红海南部、亚丁湾西部、埃塞俄比亚东部和西部、非洲东部和中部的初期裂谷带，非洲东部地区已经逐渐演化为高原地貌，并有向南部扩展的趋势。北西—南东向和北东—南西向的低洼带走向与冈瓦纳大陆分解形成的裂谷带一致（Ebinger，1989a）。

东非裂谷系西支 Tanganyika 盆地和 Malawi 盆地断块倾向为北西或南东向（图 1-7），骨干断裂具有相当的走滑分量，主要包括三类断裂，即倾滑正断裂、陡倾的斜滑断裂和近垂直走滑或调解断裂，裂谷总体走向和内部分段受基底大型先存近垂直断裂带影响（Scholz 等，1990）。

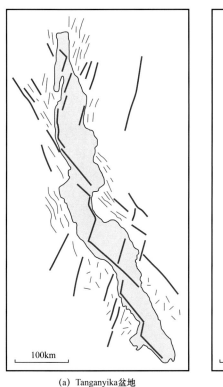

(a) Tanganyika盆地　　　　　(b) Malawi盆地

图 1-7　Tanganyika 和 Malawi 裂谷带构造图

Manyara–Dodoma 裂谷段位于东非裂谷系东支，坦桑尼亚南部地区的北端，其呈现出两阶段裂谷作用模式。第一阶段：晚中新世—上新世，在 Natron、Eyasi 和 Manyara 地堑开始发育大型火山成因的构造；第二阶段：更新世中期以来，裂谷作用向南传播，直至 Dodoma 地区。大量断层数据表明，新断层活动会使老断层重新活动，产生东西向至北西—南东向水平挤压，与泛非时期构造一致。在这种应力背景下，裂谷的发展表现为：（1）受先存断层的控制，新形成的断层整体沿南北向发展；（2）先存构造再次活动，新断裂体系通过连接先存裂谷断裂呈渐进式发育（Delvaux 等，2012）。

东非裂谷盆地西支现今几何形态和盆地结构受古老裂谷影响，古老裂谷导致一系列盆地的发展，从北到南依次为 Albertine、Kivu、Tanganyika、Rukwa 和 Malawi 等裂谷盆地，这些具有线性展布特征的裂谷也受火山活动的影响。总体而言，裂谷系西支仅在构造带之间发育火山活动，如在 Albetine 和 Kivu 半地堑之间、Kivu 地堑和 Tanganyika 裂谷之间，以及 Rukwa 裂谷和 Malawi 裂谷之间存在火山岩。

来自乌干达西北地区 Albertine 盆地和 Rhino 地堑的地磁分析、放射性测量和重力数据表明，先存的前寒武纪构造对现今大陆裂谷体系的演化具有重要的影响，其主要表现在：（1）Albertine 盆地地堑形态和后期演化受先存北东向展布的前寒武纪构造控制；（2）拉伸应力从 Albertine 地堑向 Rhino 地堑转移并不是由于伸展倾斜，而是由于前寒武纪古构造的存在，使得 Albertine 北西和南东方向的边界断层向 Rhino 地堑南东向边界断层伸展；（3）与裂谷系西支的其他盆地类似，Rhino 地堑可划分为两个反向的半地堑，其穿过南北向的前寒武纪构造与盆地的走向斜交；（4）Rhino 地堑在 Aswa 剪切带终止，可能是由于前寒武纪构造岩性的不同所导致（图 1-8）。

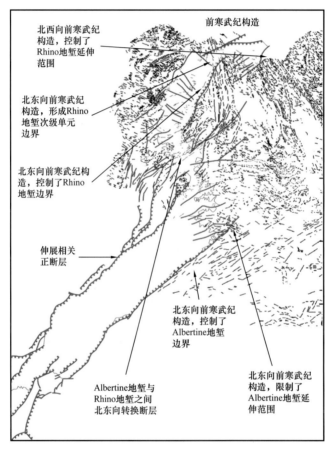

图 1-8　前寒武纪构造对 Albertine 和 Rhino 地堑演化的影响

第三节　沉积地层

东非裂谷系地层发育及分布受整个东非地区大地构造活动影响，不同构造阶段相应地层特征也存在较大差异，东非地区的大地构造活动大致划分为三个主要阶段：（1）新元古代—早寒武世（600—500Ma）的"泛非运动"；（2）三叠纪—早侏罗世（250—175Ma）

的右旋转换挤压阶段；（3）新生代裂谷作用阶段。在上述三个阶段不同的构造背景下发育形成不同的沉积层系。

一、古生界

在古元古代发生早期造山运动（2100—2025Ma），现今东非地区普遍分布变粒岩岩体，1886—1817Ma 时发生的变质及变形作用形成的岩体以角闪岩和片麻岩为主；古元古代晚期—中元古代，在 Bangweulu 地块和 Ubende 带沉积了 Mbale 砂岩，Mbale 砂岩现今在 Tanganyika 湖盆东侧 Ufipa 高原有所出露；新元古代（750—725Ma）岩浆活动和变质作用形成以似片麻岩相、绿片岩相和糜棱岩相为主要特征的变质岩体，并伴随辉长岩—正长岩脉的侵入，这种岩体分布及构造特征为显生宙裂谷的构造位置及其几何形态研究奠定了基础（Roberts 等，2004；Bateman 等，2011）。

受新元古代泛非造山运动的影响，东、西冈瓦纳大陆的碰撞形成坦桑尼亚地块和莫桑比克构造带（650—580Ma）。在泛非运动最后阶段，坦桑尼亚克拉通和 Bangweulu 地块之间的相互作用对石炭纪—二叠纪的 Karoo 裂谷作用产生极大影响；Ubende 构造带在 600—570Ma 发生区域变质作用，先期糜棱岩体变质形成高变质的角闪岩体。

二、中生界

东非裂谷系西支中南段的中生界主要为 Karoo 群，且越往南，Karoo 群分布越广泛，其主要集中分布在 Rukwa、Malawi 及 Ruhuhu 盆地，Karoo 时期的煤层和黑色页岩是西支 Tanganyika、Rukwa、Malawi 裂谷盆地最重要的潜在烃源岩。

Karoo 泛指晚石炭世—早侏罗世在东非 Karoo 盆地的沉积记录和演化历史。晚石炭世—中二叠世是 Karoo 克拉通前陆阶段，以挤压作用为主；晚三叠世—白垩纪，东非构造活动剧烈，整个东非大陆遭受持续抬升作用，剥蚀事件频繁发生，早期沉积的 Karoo 群遭受严重剥蚀，现今盆地中的 Karoo 群多为剥蚀残留物（图 1-9）。

三、新生界

东非裂谷在新生代主要为陆内裂谷作用阶段，形成南起赞比西河下游，北至亚丁湾，长约 2000 多千米的一系列裂谷盆地。裂谷系东支沿系列断层活动带从南向北发育 Bogoria 湖、Turkana 湖和埃塞俄比亚南北向古近系—新近系裂谷。西支宽 50～100km，以发育高原深水湖盆为特征，从南向北由 Malawi、Rukwa、Tanganyika、Kivu、Edward 和 Albert 等裂谷组成。

东西两支最大不同，在于东支各裂谷火成岩发育程度高，陆源碎屑岩中火成岩成分较多，而西支则以陆源碎屑沉积建造为主（图 1-10）。其中，Albert 盆地沉积厚度超过 5km，发育中生界、新生界，表现为相带变化快的陆相河流、三角洲、湖和泛滥平原沉积；Tanganyika 盆地沉积厚度为 4～5km，主要为新生界；西支其他裂谷盆地内部也主要充填新生界。随着裂谷作用由北往南传播伸展，裂谷盆地的年龄从北往南逐渐变新，其沉积厚度从北部的 Albert 盆地向南部的 Malawi 盆地也存在逐渐减薄的趋势。

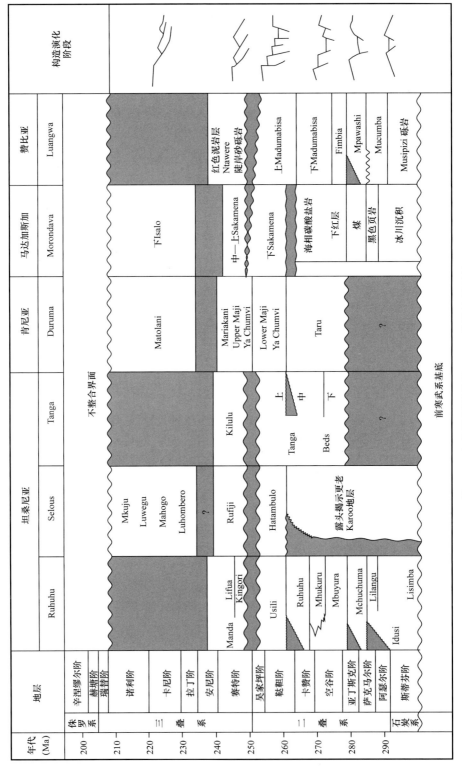

图 1-9　东非地区裂合型 Karoo 盆地地层对比

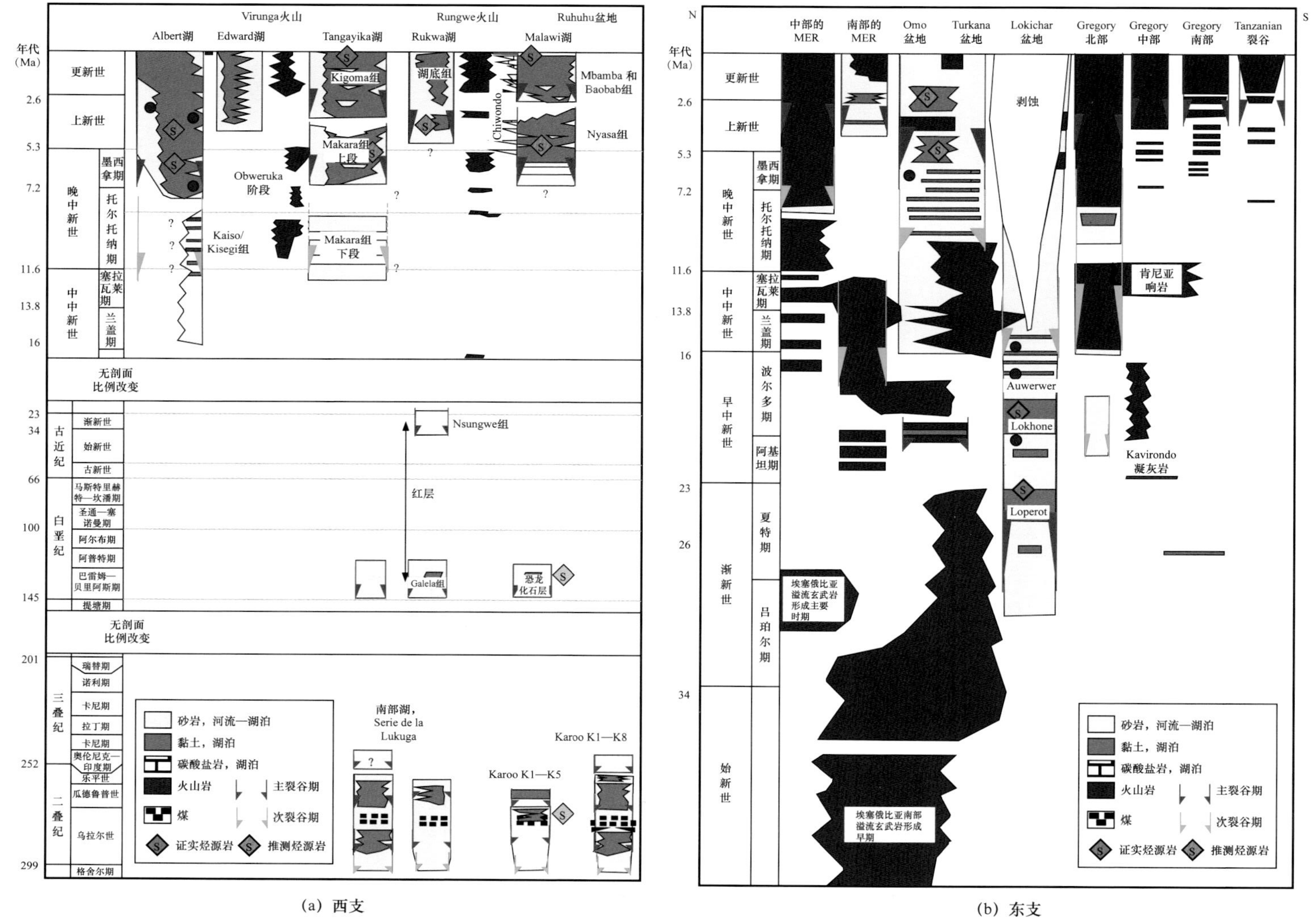

图 1-10 东非裂谷系新生界分布图

(a) 西支

(b) 东支

东非裂谷系古生界以变粒岩、片麻岩、绿片岩和角闪岩等变质岩为主，部分地区出露辉长岩—正长岩等花岗岩的侵入体；中生界以冈瓦纳大陆破裂时期形成的 Karoo 群为主，主要为冰碛岩、煤系地层、扇—三角洲碎屑岩和玄武岩等；裂谷系西支的新生界以陆内裂谷盆地内部的陆源碎屑沉积为主，局部盆地出现火山岩，而东支主要为火山碎屑岩和熔岩。

第四节　东非裂谷系火山活动及差异性

火山活动和岩浆作用是伸展构造背景下裂谷作用发生的关键因素，研究火山喷发历史有助于理解火山—构造活动之间的相互作用和火山活动的时空分布。在伸展背景下，火山沿裂谷走向分布，是发生裂谷活动的外在表现，也是其内在动力因素。东非裂谷火山分布较为广泛，其岩浆多为碱性玄武岩。

东非裂谷系东西两支现今均有火山分布，但主要为新生代的火山，火山数量、活动强弱有很大差异。东支火山分布广、数量多，主要集中在北段，南段相对较少，新生界遍布火山碎屑岩和火山熔岩，火山岩体积估计约为 $9 \times 10^5 km^3$；西支火山分布较少，火山岩体积大约为 $1 \times 10^5 km^3$，仅在北部的 Albert 盆地、Kivu 盆地和南部的 Rukwa 盆地附近分布（图 1–11）。

因分布有较多的火山和频繁的岩浆活动，东非裂谷东支具有较高的热流值，高温地热活动与沿裂谷轴展布的第四纪火山密切相关；西支火山分布相对较少，岩浆活动相对较弱且局限性较强，其主要热流来自埋深和地壳减薄。

第五节　石油勘探概况

一、东非裂谷勘探历程和勘探成果

东非裂谷的石油勘探开始较早，最早始于东非裂谷西支的 Albertine 地堑，但多年来投入的勘探工作量并不大。由于在 Albertine 地堑及其周缘发现了很多油气苗，自 20 世纪 20 年代起，Albertine 裂谷引起了石油地质学家的关注。在 20 世纪 30 年代，曾在盆地东部边缘钻探过几口探井，其钻遇了厚层（>300m）物性良好的砂岩储层，并发现了优质烃源岩，但并没有获得商业发现（Karp 等，2012）。20 世纪 40 年代末至 50 年代初，乌干达政府在 Semilik 坳陷钻探了 10 口浅井用于地层对比，但并未获得有效发现。之后又经历了 70—80 年代非地震资料采集阶段及 1990—2005 年的对外合作阶段。

2006 年 1 月，Heritage（作业者）与 Tullow 公司在乌干达境内 Albertine 地堑 Mputa–1 井首先取得重大突破，之后在 Kingfisher、Jobi–Rii 等一系列构造区获得连续成功，在乌干达境内一侧的西南、中部和东北发现了三大含油气断块群。2009 年底，Tullow 公司行使优先权成功收购了 Heritage 公司 50% 的权益。2010 年，Tullow、Total 和中国海油一起

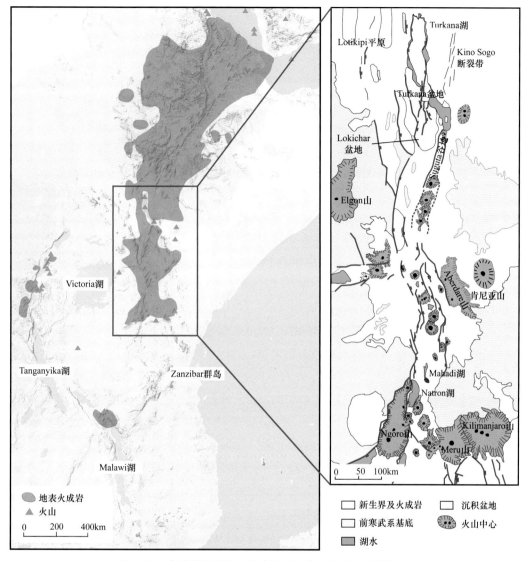

图 1-11 东非裂谷系火山分布及西支肯尼亚地区局部放大

组成联合公司，各占 1/3 权益，分别拥有三大断块群的作业权。截至目前，已累计发现 19 个油田，2P 可采储量 17.24×10^8 bbl[❶]。

在西支 Rukwa 盆地，石油地质勘探起始的标志是 PetroCanada 公司 1983 年的重力测量（Pierce 和 Lipkov，1988）。1985—1986 年，西方地球物理公司在陆上采集了 840km 的二维测线，在 Rukwa 湖水范围内也采集了 1610km 的二维测线。1987 年 7 月和 9 月，该公司又分别钻探 Galula-1 井和 Ivuna-1 井，但均为干井，未获得突破。

1981 年，Duke 大学的 CEGAL 项目采集了 Malawi 湖的首批地震测线，其为单次覆盖，对裂谷的演化有了初步的认识（Rosendahl 和 Linvingstone，1983；Ebinger 等，1984）。1986 年，PROBE 项目在 Malawi 湖采集了约 3000km 的地震测线，提供了研究 Malawi 盆地的机会。1985 年，基于 Tanganyika 湖上由 PROBE 项目采集的多次覆盖地震资料

—

❶ 1bbl≈159L。

（由 Duke 大学等单位实施），初步建立了陆内裂谷的模型（Reynold 和 Rosendahl，1984；Rosendahl 等，1986；Reynold，1994）。Tanganyika 裂谷盆地的北部陆上，Amoco 公司分别于 1987 年 5 月和 7 月，开钻 Rusizi-1 井和 Buringa-1 井，但均失利。目前，Malawi 裂谷盆地尚无深层钻井存在。

对东非裂谷东支裂谷盆地的探索，主要集中于肯尼亚的 Turkana 盆地，Amoco 肯尼亚石油公司首先开展了对 Turkana 盆地广泛的地震调查（主要在 Turkana 湖岸上），此后，Shell 公司在两个坳陷（Lokichar 坳陷和 Turkana 坳陷）分别钻探了 Loperot-1 井和 Eliye Springs-1 井，这两口井均失利，但基本确认了 Turkana 坳陷具备基本的石油地质条件。

Albertine 地堑的成功突破，极大鼓舞了东非裂谷其他盆地的勘探，Tullow、Africa Oil、Caprikat 等中小型油公司迅速出手，通过向政府申请的方式，纷纷抢占有利区块。其中，Tullow 与 Africa Oil 控制了东非裂谷东支肯尼亚及埃塞俄比亚境内的 10BB、13T、10BA 等有利区块，并将 Albertine 地堑的勘探经验复制到 Turkana 地堑，2012 年 7 月，Ngamia-1 井获得重大突破，测试产量为 281bbl/d，重度约为 30°API。该井的突破标志着东非裂谷勘探继西支的 Albertine 地堑之后，进入新的勘探发展阶段。截至目前，东支 Turkana 地堑已发现 Ngamia 等 10 个油田，2P 可采储量达 5.57×10^8bbl。

东非古近—新近系裂谷盆地群即东非大裂谷，为中新世开始形成的主动裂谷盆地，发育东、西两支，西支从北向南主要发育 Albert、Edward、Kivu、Tanganyika、Rukwa 和 Malawi 六个断陷湖盆，总面积超过 $11 \times 10^4 km^2$，涉及乌干达、刚果（金）、坦桑尼亚等国；东支主要发育 Lokichar、Turkana、Kerio 等系列小型裂谷，总面积超过 $9 \times 10^4 km^2$，从南向北涉及肯尼亚、埃塞俄比亚和索马里三个国家。勘探已证实，西支北段 Albertine 裂谷及东支中段 Lokichar 裂谷油气富集，在乌干达和肯尼亚境内分别发现 2P 石油可采储量 17.24×10^8bbl 和 5.57×10^8bbl。因其他盆地勘探程度比较低，类比估算石油东非裂谷带待发现可采资源超过 80×10^8bbl（表 1-1）。

表 1-1　东非裂谷盆地基本油气成藏要素与潜力评价

盆地（坳陷）名称	盆地结构	成藏组合				勘探现状	估算待发现可采资源量
		烃源岩	储层	盖层	匹配条件		
Lokichar	单断箕状	始新统—中新统 Lokhone 组与 Loperot 组泥质烃源岩	Lokhone 组砂岩与 Auwerwer 组砂岩	始新统—中新统泥岩段	良好	已发现 2P 储量 6.19×10^8bbl，在边界断层上盘及盆地斜坡发现 7 个油田	12×10^8bbl
Kerio	单断箕状	始新统—中新统 Lokhone 组与 Loperot 组泥质烃源岩	Lokhone 组砂岩与 Auwerwer 组砂岩	始新统—中新统泥岩段	良好	尚未有钻井，但已识别出多个与 Lokichar 地堑类似的圈闭	8×10^8bbl

盆地（坳陷）名称	盆地结构	成藏组合				勘探现状	估算待发现可采资源量
		烃源岩	储层	盖层	匹配条件		
Turkana	单断为主，局部双断	始新统—中新统 Lokhone 组与 Loperot 组泥质烃源岩	Lokhone 组砂岩与 Auwerwer 组砂岩	始新统—中新统泥岩段	较好	最南部 1992 年钻 Eliye Spring-1 井，发现良好油气显示和优质源储盖组合，盆地主体位于湖上，湖面多处发现油苗	9×10^8 bbl
Omo	多米诺式半地堑	始新统—中新统泥岩	始新统—中新统砂岩	始新统—中新统泥岩段	较好	东侧 2013 年已钻 Sabisa-1 井和 Tultule-1 井，获良好油气显示，但位于古沉积中心，储层发育程度低，向东、北部潜力大	5×10^8 bbl
Chew Bahir	单断箕状	始新统—中新统泥岩	始新统—中新统砂岩	始新统—中新统泥岩段	较好	2014 年 7 月钻 Gardim-1 井，5 月钻 Shimela-1 井，均为获得商业发现，圈闭条件可能受火成岩破坏，需详细资料客观评价	5×10^8 bbl
Tertiary	双断	推测为始新统—中新统泥岩	推测为始新统—中新统砂岩	推测为始新统—中新统泥岩段	推测较好	仅有重力图一张，沿裂谷湖泊 Chamo 和 Abaya 发现油苗和沥青	3×10^8 bbl
南 Gregory	单断箕状	地表多为火成岩覆盖，研究程度低				沉积盖层厚度可能偏薄，难以满足大规模生烃要求，因资料缺乏，尚不能客观评价	5×10^8 bbl
Albert	双断平底状，存在走滑分量	中新统上段至上新统下段泥岩，TOC 为 0.5%～2.7%，以 II 型为主	中新统—上新统冲积扇、扇三角洲与辫状河三角洲	中新统—上新统泥岩	较好	已发现 2P 储量 15.05×10^8 bbl，刚果（金）一侧尚未钻井。乌干达一侧预测高峰产量可达 1650×10^4 t/a	35×10^8 bbl

盆地（坳陷）名称	盆地结构	成藏组合				勘探现状	估算待发现可采资源量
		烃源岩	储层	盖层	匹配条件		
Edward	双断平底状	中新统—上新统湖相泥岩	中新统—上新统冲积扇、扇三角洲与辫状河三角洲	中新统—上新统泥岩	沉积盖层厚度小	根据布格重力资料推断，最大沉积盖层厚度约为3200m，且分布有限，最底部烃源岩刚进入生烃窗	2×10^8bbl
Kivu	单断箕状	—	—	—	较差	沉积盖层厚度不超过1.5km，不能满足成熟生烃需要	潜力有限
Rukwa	单断箕状	Karoo期煤层为优质生气源岩	Karoo期砂岩、新生界红色砂岩及湖相砂岩均可成为有效储层	Karoo期及红色砂岩内盖层发育程度低，湖相地层盖层存在风险	盖层的风险较大	已有两口钻井证实，盖层发育程度偏低，地震剖面反射特点也揭示该特征，薄层盖层对天然气封盖能力存在风险，尚需资料对盆地进行系统评价	2.5tcf
Tanganyika	以单断箕状为主，断层平面首尾对倾，存在走滑分量	表层沉积物TOC普遍大于3%，最高超过6.0%，推测深部发育优质烃源岩	低位期斜坡三角洲、扇三角洲、高位期水下扇等	湖水高位期泥岩	总体较好	除个别区域外，沉积盖层厚度均可满足成熟生烃要求，边界断层上盘滚动背斜、盆地内部调节带、斜坡带砂体与碳酸盐岩均可成为勘探目标。已在地震剖面上识别出与Albertine地堑类似的烃类充注响应	40×10^8bbl
Malawi	单断箕状，存在走滑分量	表层泥岩TOC>3.0%，深层无钻井，推测TOC较高	湖平面多次波动变化，形成斜坡三角洲、进积三角洲、水下扇等，已在浅层地震明显识别	湖水高位期泥岩	北部较好	盆地东北部沉积盖层厚度大，基本能满足成熟生烃的要求，中部西侧少部分区域进入生油窗，南部沉积盖层厚度小，难以成熟生烃	11×10^8bbl

注：1tcf=283.17$\times 10^8$m³。

二、东非裂谷勘探成功的启示

总体而言，东非裂谷带的勘探成功案例，可以给我们以下启示。

1. 年轻的裂谷盆地仍能形成丰富的油气聚集

相对世界其他裂谷盆地，东非裂谷非常年轻，最早发育时间不超过 30Ma，以往对东非裂谷的认识比较局限，总体上并不是特别看好，因此勘探和研究程度投入力量较小、程度低，长期未有勘探发现。但目前 Albertine 和 Turkana 盆地的勘探实践表明，年轻的裂谷盆地只要具备良好的石油地质条件，仍可形成丰富的油气聚集。随着勘探工作的进一步推进，相信这两个盆地的储量将会进一步增加，按油气储量和盆地面积计算，两者都应属于油气丰度较高的盆地。

东非裂谷北部的 Albertine 地堑和 Turkana 地堑的形成时代最早，但仍尚未完成完整的裂谷盆地演化序列，都缺少坳陷期的沉积层序。

前期研究认为，裂谷盆地的主要区域盖层发育于坳陷期，断陷期的盖层横向连续性较差，厚度相对较小，只能构成局部性盖层，很难横向连片形成具备良好封盖性能的区域性盖层，这种认识也就限制了对东非裂谷勘探潜力的评估。

东非裂谷所处的气候环境与其他盆地存在明显的差别，气候的旋回性变化贯穿裂谷盆地的形成过程，在总体泥包砂的层序背景下，砂岩与泥岩互层结构发育程度高，即使有大型断层存在，也较容易形成砂—泥或泥—泥对接的格局，油气垂向运移的通道并不是特别通畅，除少数断距较大的断层可能成为油气垂向逸散的通道外，其他大多数断层对烃类而言都是封闭的。例如，Albertine 地堑内的油气苗主要都出现在盆地边界断层附近，而盆地内部浮油分布也仅与少数断距较大的断裂有关。

2. 旋回性的气候变化易形成优质的源—储—盖组合

在东非裂谷的形成演化过程中，气候总体由温暖潮湿向寒冷干燥转变，古近纪时非洲气候比现今还要温暖潮湿。在这种大趋势的背景下，中间存在若干个中—小型的气候变化旋回，引起了东非裂谷盆地内湖水水位的周期性变化。在湖水低位期，盆地内以砂岩储层为主，砂体分布面积广，横向连片性好，可形成物性良好的储层。在湖水的高位期，以湖相泥岩为主，砂体主要沿边界断层和裂谷斜坡发育，在水深较大部位，主要以浊流和水下河道的形式体现。连片分布的细粒湖相泥岩可成为封盖性能良好的盖层，而湖水从低位期向高位期转变时，最容易形成 TOC 含量很高的烃源岩，其通常构成了湖水低位期向高位期转变的界面。此外，总体而言，东非裂谷盆地在沉积过程中水体深度较大，湖相泥岩 TOC 含量都较高，目前烃源岩品质已被 Albertine 地堑和 Turkana 地堑的钻井证实。

在气候旋回性变化的背景下，形成源—储—盖三明治结构，湖相泥岩既可以成为烃源岩，也可以成为良好的盖层，其与物性条件极佳的储层直接接触，油气的排驱和运移都非常便利。大量研究和勘探实践已经表明，这种中等厚度互层结构的配置格局远比大套厚层的烃源岩段与大套厚层储层的配置类型对油气成藏更为有利，烃源岩排烃的效率更高。

3. 浅层泥页岩仍能形成良好的封闭作用

Albertine 地堑内的油气田主力储层段通常埋深较小，除 Kingfeisher 之外，一般都很少超过 1000m，且多具有气顶。最浅的 Jobi–Rii 油田，主力储层埋深仅为 295m，但其却成为 Albertine 地堑内现今已发现的最大油田，总可采储量为 325×10^6 bbl。这点充分说明，勘探无禁区，在条件适当的情况下，浅层泥页岩只要受断裂的破坏程度低、排替压力大，不仅可以成为石油的良好盖层，同时还可对天然气形成有效的封盖作用。

第二章　Albertine 地堑

第一节　概　况

Albertine 地堑位于东非陆内裂谷系西支最北一段（图 2-1），其大部分面积被 Albert 湖所覆盖，Albert 湖长约 130km、宽约 35km，主要注入河流为东南部的 Semliki 和北部的 Victoria Nile 河，湖水流经 Albert Nile 河，最终注入 White Nile 河。与东非裂谷南部的湖泊相比，Albert 湖的水深偏浅，最深为 58m，以湖面中心为界，东西两侧分别隶属于刚果（金）和乌干达两个国家。Albertine 地堑边界受高角度正断层控制，形成了一狭长的北东—南西走向裂谷，由一系列地堑—半地堑组成（图 2-1），其间被调节带及调节断层分隔（连接）（张兴和童晓光，2001；温志新等，2012），这些地堑和半地堑除北东—南西向伸展拉张外，还发育明显的走滑作用，该走滑作用受基底北西向构造线（如 Aswan 构造线）控制，地震资料解释中也见到了十分典型的花状构造。

Bunia 边界断层为盆地西部边界断层，其对盆地东部边缘有明显的影响作用，由一系列大型基底卷入断裂构成，并将盆地分割为南北两个坳陷。同时，基底卷入型断裂控制了现今水深的分布格局。

在 2000 年之前，由于 Albertine 地堑勘探程度很低，公开发表的资料较少，业内对其油气勘探潜力尚不能给出准确判断，油公司关注程度相对较低。但自 2006 年之后，Heritage 公司、Tullow 石油、Hardman Rseources 等公司相继在 Albertine 地堑获得重大勘探突破，Kingfisher 油田被评为 2006 年全球十大勘探发现之一，勘探工作开始进入高速发展期。截至目前，仅在乌干达一侧已发现 19 个大中型油气田，2P 可采储量超过 17×10^8bbl，显示出良好的勘探前景。

第二节　油气勘探历程回顾

因在其边缘发现了很多油苗和天然气逸散痕迹，自 20 世纪 20 年代起，Albertine 裂谷即已引起石油地质学家的关注。在 20 世纪 30 年代，曾在盆地东部边缘钻探过几口探井，钻遇了厚层（>300m）物性良好的砂岩储层，并发现了潜在优质烃源岩，但并未获得商业突破（Karp 等，2012）。总体而言，Albertine 地堑的油气勘探大致可划分为以下几个阶段。

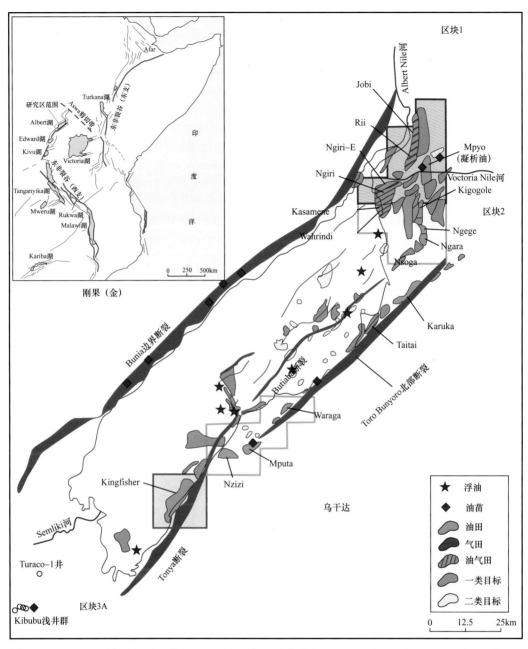

图 2-1　Albertine 地堑主要构造特征及已发现油气田展布［据 Ciercelin（1990）、Karp 等（2012），及
Tullow Oil 等修改］

一、地表油苗勘察与探索性钻探阶段

1925 年，Wayland 首次对乌干达的油气潜力进行了描述，他在 Albert 湖周缘发现了
52 处油苗，其中的 17 处油苗目前仍处于活跃状态（图 2-2）。1938 年，东非地区第一口
探井 Waki-1 井在 Butiaba 地区完钻，其在 1221m 处钻遇基底，并在 1200m 处发现了潜在
的烃源岩（TOC=6%），全井钻遇多套储层，并见到良好的沥青显示（Abeinomugisha 和
Obita，2011），该井为日后勘探提供了宝贵的资料。

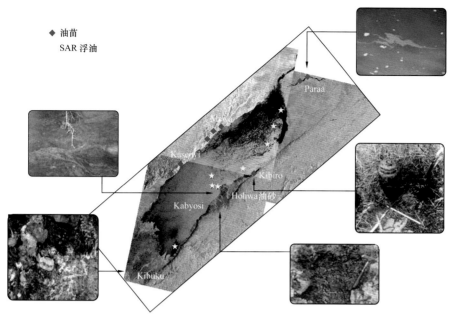

图 2-2　Albertine 地堑油苗和浮油分布图

二、浅井探索与停滞阶段

随后，由于第二次世界大战爆发，Albertine 地堑的石油勘探中止，Albertine 地堑周缘成为重要的农业产区。1948—1951 年，乌干达政府为进行地层对比，在南部 Semilik 坳陷钻 Kibubu 油苗处钻探了 10 口浅井（120～600m），但并未发现油气显示，随后勘探基本停止。

三、非地震资料采集阶段

1977—1979 年，由于在坦桑尼亚 Songo Songo 盆地和苏丹发现油气，激发了人们对乌干达石油的兴趣。1983—1984 年，Albertine 地堑开展了首次航磁测量。航测资料表明，三个坳陷的深度可使烃源岩成熟生烃。根据坳陷的分布特征，乌干达政府划分了初始的勘探区块 1、区块 2 和区块 3。1985 年，在世界银行的帮助下，设立了乌干达石油勘探促进项目，政府与石油公司进行谈判并着手在 Albertine 地堑采集新资料，此举标志着石油勘探开发行动正式开始。1986—1987 年，乌干达政府派遣首批地质学家前往英国接受石油地质培训。1990 年，乌干达地质矿产部下属的石油局重新将 Albertine 地堑南部 Semlki 坳陷确定为地质勘测点。

四、对外合作起始阶段

1990 年，乌干达政府与扎伊尔政府签订了联合勘探协议，共同开发 Albertine 地堑的石油资源。1991 年，乌干达政府与 Petrofina（比利时石油公司）结束了两年的谈判，签订产品分成协议，Petrofina 乌干达分公司获得整个 Albertine 地堑的勘探权。同年，乌干达地质矿产部剥离石油业务，在前期石油局基础上组建了相对独立的石油勘探开发局，并在 Albertine 地堑获得了非常宝贵的地震资料，识别出规模较大的构造。这些资料的公布，引发了更多石油公司的兴趣，因此勘探开发局将 Albertine 地堑重新划分为 5 个勘探区块。

1992 年，由哥伦比亚大学、利兹大学、卢本巴希大学和乌干达石油勘探开发局联合实施的重力资料采集工作完成，大体划分出了盆地的基本构造格局。1993 年，Petrofina 公司乌干达勘探合同到期，但并未续签。同年，《乌干达石油管理条例》开始实施。

五、对外合作实质性进展阶段

1997 年，乌干达石油勘探开发局与 Heritage 公司始于 1996 年的谈判结束，Heritage 在 Semliki 坳陷 3 号勘探区块获得勘探许可证（Energy Africa 于 2001 年 7 月参与该区块）。同年 11 月，Hardman Resorces 在 Albertine 地堑 2 号勘探区块获得许可证（2000 年由于油价过低让出）。1998 年，Heritage 公司采集了 170km 高品质地震测线。2001 年，Heritage 公司又采集了 240km 的二维地震，资料品质很好，识别出了一些钻探目标。2001 年，Hardman Resources 与 Energy Africa 联合在区块 2 获得勘探许可。2002 年 9 月，Heritage 公司 3 号区块内的 Turaco 井开钻。同时，Hardman Resources 公司的新水上电缆也制造完成，并与 2003 年 3 月运抵乌干达。

2004 年，Heritage 与 Energy Africa 就 Albertine 地堑区块 1 签署产品分成协议，区块 1 面积为 3660km^2，合同期为 6 年，Heritage 公司为作业者，占 50% 权益，Energy Africa 占 50% 权益。2005 年第一季度，Hardman Resources 在 Kaiso Tonya 地区的 2 号区块完成 205km 的二维地震。同年 8 月，Heritage 在区块 3 的 Buhuka 地区完成 113km 的二维地震，其中 103km 位于湖中，10km 在陆上。基于本次采集的资料，Heritage 公司研究论证了 Kingfisher 目标。2005 年 9 月，Neptune 石油与乌干达政府就区块 5（EA5）签订产品分成协议，面积为 6040km^2。2006 年上半年，乌干达石油勘探开发局在 Butiaba 地区完成了重力施工，为二维地震部署提供依据。

六、勘探大发现阶段

2006 年，Hardman Resources 钻探了 Mputa-1、Waraga-1 和 Nzizi-1 井，3 口井都获得突破。同年 11 月，Heritage 公司在区块 3 的 Kingfisher-1 井获得重大突破（Tullow 占 50% 权益，非作业者），该井中新统上段—上新统下段共发育 4 套产层，试油日产量达到了 13893bbl，从此揭开了 Albertine 裂谷盆地大发现的序幕。同年 12 月，Hardman Resources 被 Tullow 公司收购。Kingfisher 油田可采储量估计为 200×10^6bbl 油当量，而 Kingfisher 油田最终被评为 2006 年世界十大油气发现之一。

之后，Tullow 公司与合作者一起，在 Albertine 地堑先后又发现了 Ggassa、Nzizi、Mputa 等其他 18 个油气田，目前 2P 可采储量超过 17×10^8bbl，2C 可采资源量大于 25×10^8bbl，显示出极大的勘探潜力。

第三节 区域构造及构造演化

一、区域构造

东非裂谷盆地系统属于新生界伸展系统，由东支和西支两个部分组成（图 2-1）。东非裂谷西支从南部莫桑比克海岸沿着 Malawi 湖、Tanganyika 湖、Edward 湖及 Albert 湖等大型深水湖泊向北延伸，最终消失于 Aswa 剪切带。

东非裂谷在地表延伸长度达 4600km，沿裂谷发育了一系列相邻的独立裂谷盆地，各盆地被隆起的裂谷肩部所分隔。每个盆地属于受控于边界断层的沉降地堑或者地槽，通常长度在数百千米左右，宽度数十千米，内部充填沉积层和火山岩。东非裂谷西支最古老的沉积层系是石炭系—二叠系—三叠系的 Karoo 超群，其直接覆盖于前寒武系基底之上。Karoo 超群沉积的形成，主要与 Pangaea 超级大陆的裂解而引发的构造活动相关。伴随着超级大陆的裂解，Rukwa 与 Ruhuhu 地堑开始沉积 Karoo 超群。与此同时，南部非洲其他 Karoo 期盆地也开始形成。Karoo 期沉积层最底部由冰碛岩构成，在二叠纪末至三叠纪初，作为对陆内裂谷盆地发育的响应，冰碛岩之上沉积了河流—湖泊相沉积层序。

在 Rukwa-Tukuyu 地区，一套红色砂岩层不整合覆盖于 Karoo 超群之上，红色砂岩对应的年代变化很大，可能为侏罗纪—白垩纪乃至古近纪，其主要由曲流河、辫状河沉积构成，在一些地区还同时还发育冲积扇沉积。在 Albertine 地堑，Butiaba 地区钻探的 Waki B-1 井已揭示这套红色砂岩层，通常认为其与 Zaire 盆地的上侏罗统 Stanleyville 群可以区域对比。但根据最近孢粉学分析成果，Burden（2007）认为这套层序属于中新统中段的沉积。同时，Haritage 和 Tullow 公司通过近年来的钻井分析，也认为其都属于新生界，整个 Albertine 地堑内部都不存在中生界（图 2-3）。与东非裂谷东支裂谷盆地有所不同，地表火山岩覆盖面积较小。根据航磁资料反演推算，盆地沉积层序埋深最大处可超过 5km，并呈低角度（<1°）不整合与前寒武系基底接触（Karp 等，2012）。

二、构造演化

作为东非裂谷的一部分，西支形成发展于中新世—全新世，而东非裂谷主要经历了四个发展阶段，即前裂谷阶段、初始裂谷阶段、典型裂谷阶段及完善裂谷阶段，这四个阶段在东非裂谷并非同步发展，不同地区所处的发展阶段可能不同。

1. 前裂谷阶段

渐新世晚期（30Ma），Afar 地区和埃塞俄比亚火山活动活跃，由此引发的小型断裂在裂谷西支北部首先形成；中新世早期，伴随火山作用所形成的断裂在 Nyanza 裂谷、Virunga Chain 和 Gregory 裂谷等地区也开始广泛发育。同时，东非裂谷西支的北部（Albertine 地堑）已经进入前裂谷期阶段，而西支南部开始发育时间相较北部稍晚一些。东非裂谷的东支，在中新世晚期已经进入初始裂陷阶段（Chorowicz 等，1987）。

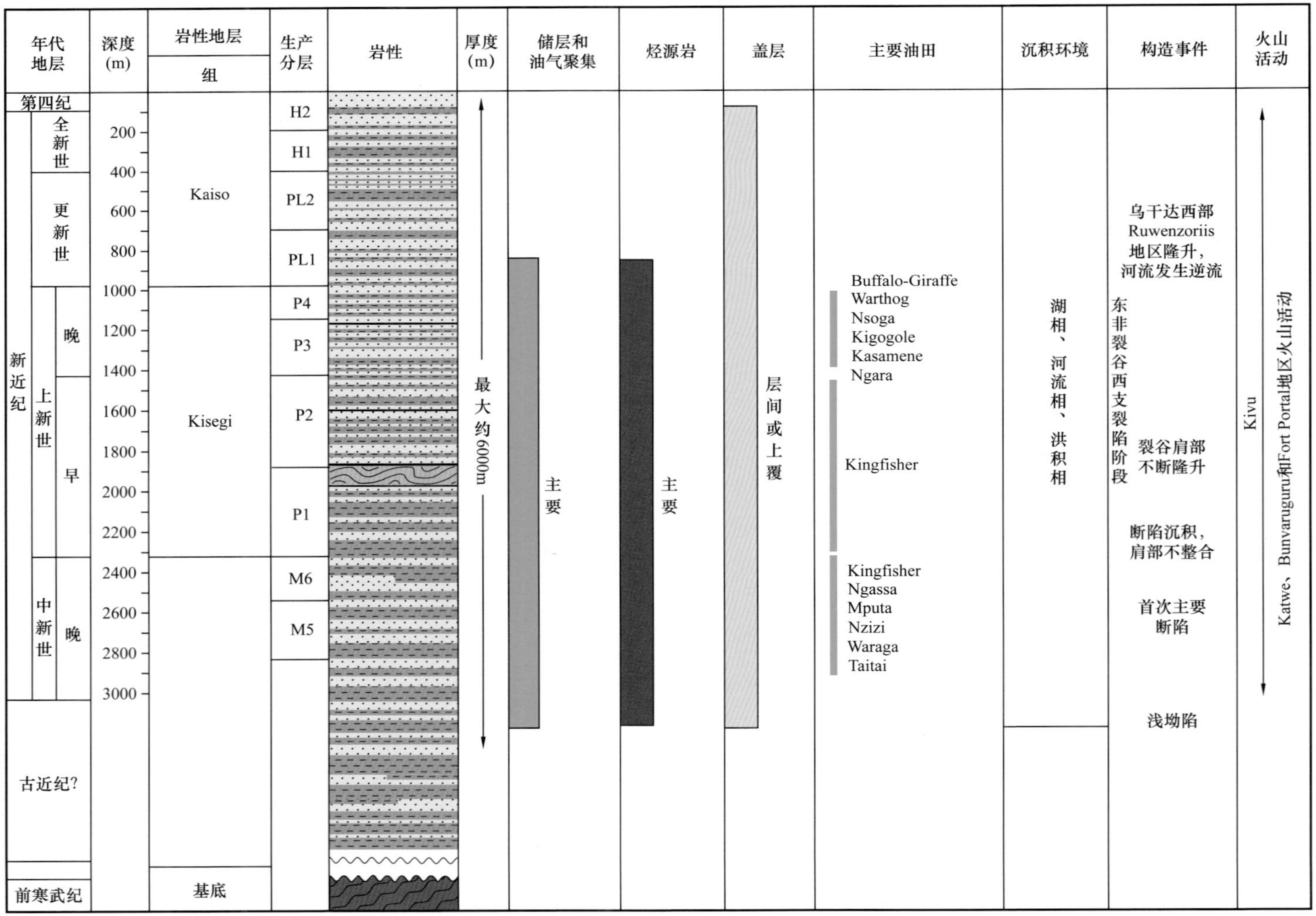

图 2–3　Albertine 地堑地层综合柱状图

2. 初始裂谷阶段

裂谷西支中新世中期（16—15Ma）开始达到初始裂谷阶段，该阶段主要以斜滑断层为标志，倾斜断块发育，但是裂谷肩部的隆升并不显著。随着拉张作用的加强，一些斜滑断层开始向正断层演变，但仍具有明显的走滑分量。初始裂谷的中后期，变形作用逐渐向少数断层相关的倾斜断块集中，沉降作用也开始明显加强。主要断裂构成了连续分布的菱形盆地雏形，每个盆地都沿着一个主要断裂发育，盆地缓翼通常形成断裂相关挠曲。

3. 典型裂谷阶段

典型裂谷阶段主要特点是裂谷肩部强烈隆升，其大致发生于中新世晚期（10—9Ma）。该阶段的发展受限于构成了倾斜断块边界的正断层，裂谷的沉降和肩部的隆升同步发展。斜滑断层已基本完成向正断层的演变，但还伴随部分走滑分量，沿大型断层通常形成垂直的陡崖。随着裂谷肩部的明显隆升，沉降速度也相应加速。东非裂谷西支的整个北半部分，包括 Tanganyika 地堑，都属于该阶段的典型代表。

4. 完善裂谷阶段

完善裂谷阶段属于裂谷的高级阶段，区域和局部构造应力相结合，控制了沿断裂的构造运动。盆地沉降速度很快，碱性火山岩普遍较为发育。在区域性大型裂谷轴部，发育狭长状的构造高点，其通常被认为是刚开始出现的洋壳。此时，分隔不同裂谷的隆起已基本消失，目前东非裂谷东支正处于这一阶段。

第四节　基本构造格局

Albertine 地堑属于一个完整的地堑，其与 Turkana、Tanganyika 和 Malawi 等东非裂谷盆地存在明显不同，其他裂谷通常为半地堑结构，某个单独的边界断层控制裂谷的基本构造格局，由于边界断层上盘地层的下掉，形成盆地斜坡。在 Albertine 地堑内，Bunia 边界断层贯穿整个裂谷的西部，长度约为 130km，其属于西部的边界断层。裂谷肩部隆起幅度较大，刚果（金）境内的 Blue 山，其高度要比现今湖面高 1650m。裂谷的东界由 Tonya、Toro Bunyoro 等数条大型基底卷入型断裂组成，其共同构成了裂谷的东部边界（图 2-1）。主要基底卷入型断裂控制了现今湖盆水深格局的分布，盆地沉积盖层最厚可达 5km，与前寒武系基底接触角度小于 1°。

根据布格重力异常图测量结果（图 2-4），Albertine 地堑现今基底面大体呈北高南低态势，南部凹陷内最深处重力异常值可达 –215mGal，北部坳陷沉积盖层最厚处重力异常为 –220mGal，按照深度模型模拟的结果，沉积盖层的厚度都将超过 6000m（图 2-4）。且沉积盖层厚度最大处与边界断层都有一定距离，并非紧邻边界断层。南部凹陷的范围已经超出边界断层和现今湖面范围，显示出裂谷的最大沉积中心沿裂谷轴部而非边界断层的发育特征。盆地南部 Kibuku 浅井群一带等值线较密，显示沉积盖层厚度变化较为剧烈，而盆地北部北东方向沉积盖层厚度变化趋势较为缓和，呈渐变关系。东西边界断层外侧，在重力异常图上也明显表现出半地堑样式，与地震剖面观测结果一致。

Albert 湖东南部岸线附近构造复杂，此处地壳上部的变形影响了入湖水系的分布和

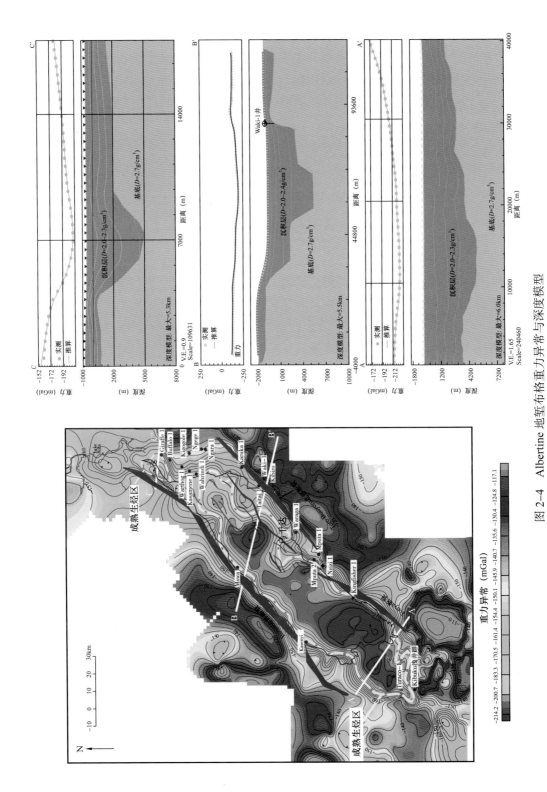

图 2-4　Albertine 地堑布格重力异常与深度模型

沉积物的输送，东岸发育 Toro Bunyoro、Tonya 和 Butiaba 等大型基底卷入型断裂。Toro Bunyoro 断裂长度约为 90km，其北部形成的构造逃逸体要比湖平面高约 400m，Waki-B1 井就位于临近该构造的背斜圈闭上。Tonya 断裂向西倾，沿 Albert 湖东岸延伸长度约为 85km，其裂谷肩部最高点要比湖平面高约 600m，地震资料显示，断裂带已经延伸至水域中。Tonya 断裂在水域部分基底最大的断距为 2000ms，最北端消失于湖中的一个复杂变形带。Butiaba 断裂位于现今湖水中，距离湖东岸约 12km，断层延伸长度约为 75km，断面平直，倾角约为 40°。断层下盘隆升形成沿湖东岸分布的台地，水深小于 35m，断层中部断距约为 1600ms。

第五节　关键界面与地层岩性特征

在 Albertine 地堑内，通过地震资料特征分析，并结合 Waki-B1 井岩性特征，共识别出 5 个岩性地层单元的界面，都可以通过地震剖面上的反射特征和 Waki-B1 井的岩性来进行识别和划分（图 2-5），它们分别是：（1）前裂谷基底顶面；（2）Kisegi 底面；（3）Kaiso 底面；（4）Kaiso 中部界面；（5）更新统中部界面。

在一般裂谷盆地中，大型明显的角度不整合限定了层序的界面，其标志着不对称沉降模式和沉积聚集的快速发展变化。但除在非常局限的部位外，这种大型角度不整合在整个 Albertine 裂谷内几乎观察不到。现有地震资料显示，碎屑岩层序界面在 Albertine 地堑内并不是十分明显，这点构成了 Albertine 裂谷与其他裂谷盆地重要的差别之一。尽管在 Albertine 地堑内层序界面的识别和划分并不是很容易，但地震反射横向和纵向变化还是为研究盆地的沉积环境变化提供了依据。而层序界面和内部层序的识别，主要通过现有的 Waki-1 井来完成。从有机质含量丰富的页岩突然转变为粗粒的砾岩可能显示了重要的气候和构造变化，气候变化同时影响了湖岸和湖底平原的沉积特征，构成了潜在的层序界面。其内部二级层序，往往与最大洪泛面的沉积充填有关，标志着湖相细粒沉积物上覆于粗粒组分或湖岸沉积物之上。

一、前寒武系基底顶面

前裂谷基底顶面在地震剖面上表现为波状、2~3 个旋回的低频反射特征，其之下的基底总体表现为低振幅和杂乱反射特征（图 2-5，图 2-6）。在大部分地区，沉积盖层与基底之间呈平行接触关系，局部地区发育上超反射特征。通过与 Waki-B1 井的对比，认为前裂谷基底为结晶基底，其在 Waki-B1 井的埋深为 1189m（图 2-6）。紧邻基底之上的地层反射振幅和连续性变化较大，局部存在反射空白，这种反射特征对应于 Waki-B1 井基底之上的砂岩和砾岩层，厚度约为 12m（图 2-7）。

同裂谷期最下部的地层总体为强振幅、高连续反射特征。这种反射特征与 Waki-B1 井向上变浅的次级层序对应，其主要由有机质含量较高的页岩组成，中间夹薄层砂岩（图 2-7）。地震追踪表明，该套层序厚度介于 6~64m，Waki-B1 井有机质含量较高的一段发育于临近 Kisegi 底面处，厚度约为 58m，而 Kisegi 底面与前裂谷基底之间的厚度为

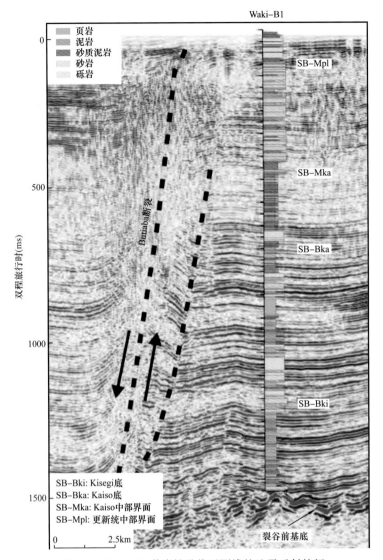

图 2-5　Waki-B1 井岩性及临近测线的地震反射特征

228m（图 2-7）。

　　盆地的沉降大体上沿着盆地东西两侧同步发育，整套地层序列呈平底状分布特征。这种构造和地层格局与东非裂谷其他大型盆地存在根本不同，其他盆地基本上都为标准半地堑，如 Tanganyika 和 Malawi 裂谷等。这些半地堑型裂谷岩性侧向变化明显，在某些地区，发育明显的下切河谷和水下河道。因此推断，在 Albertine 地堑发展的早期，其属于平底峡谷，周期性发生水淹。

　　在前裂谷基底之上，解释出的地层和岩性代表了河流相、河流—湖泊相。而河流相在裂谷盆地底部通常较为发育，类比区主要有博茨瓦纳和南非的 Okavango 三角洲，其现今正处于伸展沉降阶段。Okavango 三角洲属于区域性的短期湖泊、沼泽和旱谷环境，其沉积充填与水体干涸随季节性发生变化。在 Albertine 地堑发展初期，裂谷肩部应当不是很高，绝大多数覆盖于湖水低位期河流/湖泊层序之上的地层为强振幅连续反射特征，在此

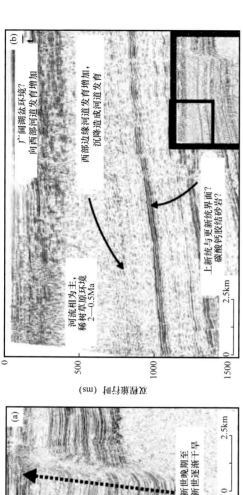
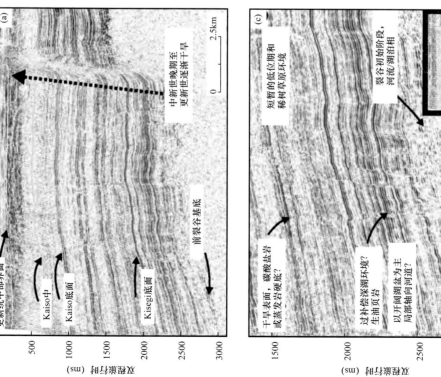

图 2-6　Albertine 地堑内典型地震剖面及其反射特征

可解释为沉积于广阔湖盆环境中的富有机质泥岩，已在 Waki-1 井中得到证实。紧邻基底，次级层序厚度很小，表现为微弱加积的特征，可将其解释为其为盆地形成初期阶段低水位期的沉积物。在 Waki-1 井深度约 1110m 处，次级层序的看起来要比下伏的层序厚度大（约为 40m），其为层状生油页岩，明显显示出沉积于深湖环境。这些次级层序记录了盆地重要的一次水侵事件，暗示大型深水湖泊形成，其经历了底水缺氧带环境。

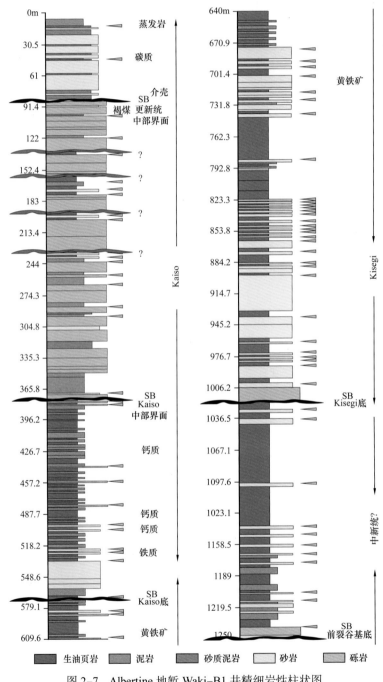

图 2-7　Albertine 地堑 Waki-B1 井精细岩性柱状图

二、Kisegi 底面（生产分层 P1 底）

Kisegi 底面在地震上表现为强振幅、连续、低频的反射特征（图 2-5，图 2-6），该段在 Waki-B1 井为厚层砾岩段（图 2-6），Kisegi 组底面与中新统—上新统之间的界面可对比。从岩性上来讲，该界面对应 Waki-1 井中页岩层之上的砾岩。Kisegi 底面应代表了一次长期和严重的干旱事件，其形成了具有显著特征且反射清晰的界面。

Kisegi 底面之上的地层，剖面特征总体为强振幅、频率变化的平行反射。紧邻 Kisegi 底面发育的层段在 Waki-B1 井中为向上变浅的次级层序，其由厚层的块状砂岩夹薄层富有机质页岩夹层组成（图 2-7）。在 Waki-B1 井，砂岩厚度最大约为 30m，埋深为 885m。一个岩性转变带发生于 685m 处，其由薄层—中等厚度砂岩层组成，偶见黄铁矿发育。Kisegi 底面与 Kaiso 底面之间的厚度约为 431m。

Kisegi 底面和上覆 Kaiso 底面之间的厚层层序主要由强振幅连续反射组成，可将其解释为有机质含量丰富的湖相页岩，其沉积于水体相对较深的环境中（水体深度可能要比现今大），干旱或低水位期都属于偶发事件。湖水低位期可能发生于 Kisegi 层序底部边界附近。在 Waki-1 井中，此次级层序包含几套厚层砂岩单元，总厚度大于 150m，主要为进积型，加积型居于次要地位。上覆为厚层状深湖沉积物，清晰显示出湖侵系统。

三、Kaiso 底面（生产分层 PL1 底）

在地震剖面上识别出的另一个界面被称为 Kaiso 底面（Oluka 底）。利用 Waki-1 井资料，将 Kaiso 底面解释为上新统与更新统的界面。在裂谷北部，Kaiso 底面表现为连续反射特征（图 2-5，图 2-6），其可与 Waki-B1 井中的厚层碳酸盐岩胶结砂岩相对应，厚度超过 25m（图 2-7）。Kaiso 底面之上的地震层序主要由半连续、振幅变化较大的反射组成，偶见弱反射带和高频反射（图 2-5，图 2-6）。此外，紧邻 Kaiso 底面之上，地震反射特征侧向变化剧烈，在盆地西缘通常为不连续反射，但在 Butiaba 台地附近转变为强振幅连续反射。Waki-B1 井该层段主要为富有机质页岩和黏土（图 2-7）。在 Kaiso 底面之上二级层序界面不是特别清楚，厚度也更大，这主要是由于粗粒硅质碎屑层较少的缘故。砂岩和砾岩层厚度通常小于 3m，含铁或含钙质。Kaiso 底面和上覆的 Kaiso 中部界面之间的地层厚度约为 189m（图 2-7）。

在 Kaiso 底面层序反射界面之上主要为连续性稍差、剖面属性变化较大的反射。在沉降量更大的裂谷西部，这种连续性不强的反射可解释为轴向河道。不均衡沉降促进了轴向河道发育，将裂谷轴线向半地堑沉降较深的部位转移，在其他裂谷中经常观察到这种现象。Waki-B1 井岩性显示，浅湖或者三角洲环境可能在盆地的东部更为发育。在此期间，钙质页岩和黏土以夹层形式偶见于含铁质砂岩中。已对 Malawi 裂谷中含铁、镁较多的沉积物进行过比较深入的研究，并且在 Edward 湖的斜坡也有发现。地层中含铁质砂岩的出现，表明先期沉积物与水体的接触面处于富氧环境中，沉积环境不够稳定，容易发生波动。

四、Kaiso 中部界面

Kaiso 中部界面为另一个比较显著的界面。其在 Butiaba 断裂下盘表现为中等连续、强振幅的反射特征（图 2-5，图 2-6）。在盆地深部，Kaiso 中部界面为低频不连续反射与高频不连续反射之间的界面。该界面在 Waki-B1 井深度约 375m 处，对应为几套薄—中等厚度砾岩层，上覆于富有机质页岩层之上（Kaiso 组下段）。在裂谷北部 Kaiso 中部界面之上，可观察到一个明显的强振幅、高频连续反射，其在 Batiaba 断层上盘的中部和东部尤其明显。在盆地的西北部更远一些部位，该套地层渐变为连续性较差的地震相。且该套层序与 Waki-B1 井中对应的界面并不是十分清晰。接近 Kaiso 中部界面处，其为厚层砾岩层夹不等厚泥岩层，在盆地中厚度为 9~30m，向上过渡为薄层富有机质页岩和厚层的砾岩。紧邻更新统中部底面之下，Waki-B1 井岩性与 Kaiso 中部界面附近非常类似，Kaiso 中部界面与更新统中部界面之间的岩性段厚度约为 288m（图 2-7）。

可将 Kaiso 中部界面解释为厚层砂岩段，结合 Waki-B1 井岩性，此时盆地西部为河流和河道沉积，东部为浅湖相。在此期间，气候更加干旱，湖泊处于枯水期，热带稀树草原环境可能周期性遍布整个裂谷底部。

裂谷北部 Kaiso 界面之上，可观察到个别的强振幅包络，高频、连续的反射特征可解释为广阔湖盆环境下细粒页岩。这种地震反射特征在 Butiaba 断裂的中部和东部比较明显。在盆地西北部同样的层段内，非常连续的反射特征变化为连续性较差的地震相，这种现象可用层序沉积期间粗粒组分增加与河道充填来解释。在 Waki-B1 井，二级层序在 Kaiso 中部界面显示出微弱的加积—进积特征，深湖相缺失。将这种叠置模式可解释为沿 Butiaba 断层的东部边缘发育了河流或者沿湖平原。在 Waki-B1 井约 230m 深处，伴随着砾岩，有机质含量高的页岩层重新出现。这种叠置的模式构成了层序界面，但在地震剖面上并没有和比较明显的地震反射特征相对应。

五、更新统中部界面

在地震剖面的顶部（约 200ms）为更新统中部界面，其被定义为位于 Kaiso 中部界面之上高频、强振幅、连续反射岩性段的顶面（图 2-5，图 2-6）。该界面呈现出强振幅、低频连续反射特征，其为盆地所有反射界面中最清晰的一个。在 Waki-B1 井中，含丰富褐煤砾岩层与介壳含量较多砂岩层之间的界限为更新统中部界面。在更新统中部界面之上，可以观察到一个弱反射带，厚度约为 100ms，其一直延伸至现代湖泊的底部。在 Waki-B1 井更新统中部界面之上，主要为厚层含介壳砂岩夹砂质泥岩层（图 2-7）。因在地震剖面上不能清楚显示湖泛面，更新统中界面之上的次级层序不太容易划分。

在更新统中界面之上，高质量的地震剖面揭示了一个浅层盆地范围的不整合，其主要特征为弱振幅反射上超于强振幅连续反射之上，大致处于现代湖底 100ms 左右。最上部的岩性段厚度沿走向发生变化，呈减薄态势上超于北部的构造高地。向南部，在被断层削截之前，形成了约 90km^2 的透镜体。这个透镜体形成了一个水下高点，水深在此处不超过 35m，地震剖面上可观察到向南部和北部发生双向的退覆作用。

第六节 基本石油地质条件

一、烃源岩及成藏演化

1. 主要烃源岩特征

Albertine 地堑烃源岩主要分布于中新统上段至上新统下段深湖/半深湖相页岩中，其通常与储层呈互层状态产出（图 2-3）。地化分析表明，干酪根类型为 Ⅱ 型，TOC 含量一般为 0.5%～2.7%，Waki B-1 井 760m 处 Kisegi 组富油页岩的 TOC 高达 6%～7%。生烃潜量一般集中在 2～10mg/g 之间，应当属于中等—好烃源岩（Dou 等，2004）。中新统中段也发育烃源岩，其在 Waki-1 井 1012～1222m 深度内钻遇，主要由厚层泥岩组成，夹薄层砂岩，泥岩 TOC 含量可达 6%，纯泥岩段厚度累计约为 150m。

从 Turaco-1 井的 TOC 分析指标可以看出（图 2-8），自 1560m 有分析样品开始，至井底 2487.7m，泥岩 TOC 普遍较高，介于 1%～2%。在 2070～2100m 和 2480～2488m（Kasande 组—Kakara 组）两口井段内钻遇优质烃源岩，其主要为灰色、深灰色页岩，TOC 含量普遍达到 2%。烃源岩具有很好的生烃潜力（S_2>10kg/t），干酪根类型为 Ⅰ 型/Ⅱ 型。全井 T_{max} 值最大未超过 460℃，证明其刚处于生油窗顶部。在盆地深部，地层埋深大，这两段烃源岩将处于生油窗内，应具有很大的生烃潜力。此外，Turaco-1 井在 1990m、2010m 和 2040m 钻遇的薄层碳质泥岩 TOC 含量很高，达到 5.7%～8.0%，主要倾向于生气（S_2=12.7～17.9kg/t），以生油为辅（HI=159～304mg S_2/g TOC）。

在 1370～1400m、1580～2000m 和 2420～2470m 井段内泥岩的有机质含量较高（图 2-8），但是生烃潜力较低（S_2 最高为 5kg/t），应属于趋于生气的 Ⅲ 型干酪根。尽管显微组分中观察到了油型干酪根，但其含量太少，不足以生成可供运移聚集的液态烃，也很难从烃源岩中顺利排出。

对盆地内 Mputa-1、Mputa-2、Waraga-1 等井也做过相应地化分析，证实了中新统上段—上新统下段有机碳含量高、烃源岩累计厚度大的事实。与 Turcaro-1 井情况类似，烃源岩与储层呈互层状态，砂岩储层厚度一般较小。由于目前钻井都集中于临近边界断层的较浅部位，推测向盆地中部，水体深度增加，含氧量减小，水体还原性更强，相应有机质丰度更高，保存条件更好，因而潜力也更大。而烃源岩纵向广泛分布主要归功于湖泊长期沉降速度快，沉积速度也大，使有机质能够迅速埋藏，有利于形成深水缺氧的湖泊环境。此外自中生代以来，东非地区一直位于赤道附近，气候湿热，雨量充足，淡水藻类繁盛，使得烃源岩有机质含量很高。

2. 烃源岩成藏演化

镜质组反射率测量和孢粉颜色分析（SCI）表明，Turaco-1 井绝大部分样品仍未成熟（图 2-9），生油窗顶（R_o=0.5%）深度大致在 2400～2550m 之间，按照地温梯度推算，生

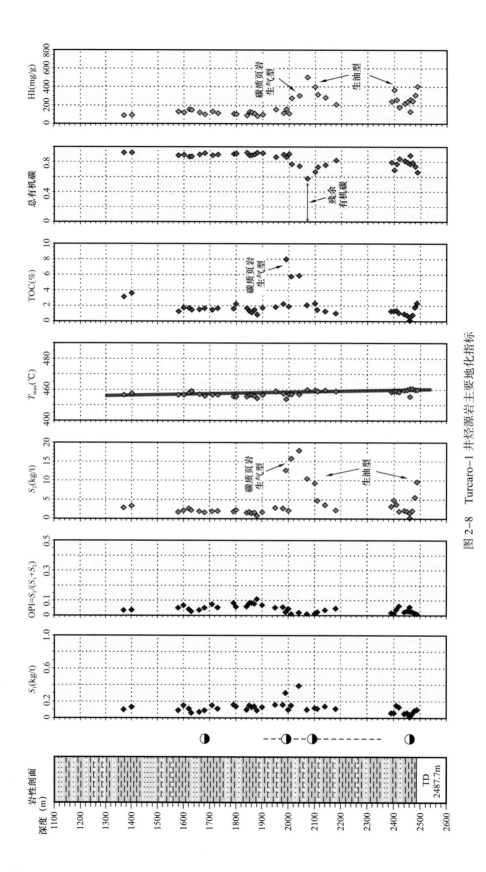

图 2-8　Turcaro-1 井烃源岩主要地化指标

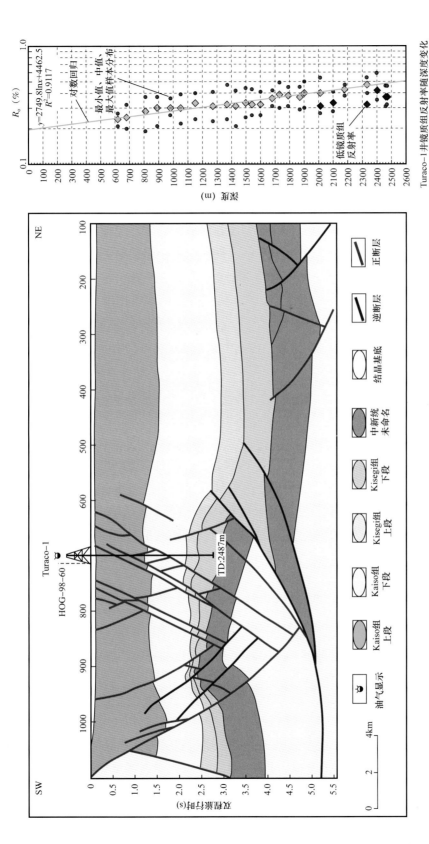

图 2-9　Turaco-1 井过井剖面及 R_o 随埋深变化曲线

油窗峰值（R_o=0.7%～1.0%，SCI=6～8）对应的深度在2500～4500m之间，浅部烃源岩基本都未成熟。同时，地表测量 R_o 值为 0.2%，表明井点处并未经受大的隆起和剥蚀，目前正处于最大的埋深和成熟度，R_o 呈连续演化状态。

从过 Turaco-1 井的过井剖面可看出（图 2-9），此处的断裂可划分为挤压和拉张两套系统。在更新世早期 Oluka 组沉积之后，此处发生了一次较强的挤压作用，大型背斜圈闭基本定型，大型逆冲断层终止于 Kisegi 组下段内部或者底面。上新世晚期—更新世被认为是隆升活动重新活化的时期（Schlueter，1997），在 Albert 湖与 Edward 湖之间，形成了 Rwenzoris 隆起，推测此处逆冲型断裂活动，应是对隆升活动活化的响应。此外，从上覆地层厚度趋势可以看出（图 2-9），在隆起顶部，地层厚度明显要比两侧小很多，证明该隆起属于长期继承性发育古隆起，在裂谷盆地形成初期即已经形成。在更新世，盆地内又发生了一次重要的裂陷运动，形成了一系列贯穿沉积盖层的正断层，对先期存在的古隆起进行了相应改造。剖面上断层组合明显呈花状，表明有一定走滑分量存在。此次裂陷活动，可能与 Pickford 等（1993）认为的第三阶段的裂谷作用相对应，其发生在14—12ka。

同时，结合前面对地震相的观测结果，盆地内部并不存在较大型的不整合面，削截等现象较为少见，并未发生大的剥蚀事件。由于 Turaco-1 井位于地堑南部沉积中心的边缘，其构造的稳定性要比盆地沉积中心差，通过盆地骨干地震剖面的观察，认为裂陷作用在盆地的形成过程中居主导地位，挤压作用和隆升活化仅发生于局部地区。因此推测，盆地较深部位，沉积盖层沉积连续，烃源岩也连续演化。

按照重力模拟结果（图 2-4）推算，同时结合 Turaco-1 井的 R_o 实测资料，取埋深2500m 为盆地生油窗上限。整个盆地中部和南部基底埋深超过 2500m，进入生油窗的最大面积为 4780km^2，北部沉积中心进入成熟生烃的范围很小，大约为 152km^2，而整个 Albert 湖范围约为 5100km^2，南部深层烃源岩最大生烃范围几乎与湖面范围相当。由于沉积中心基本展布与现今湖面范围一致，因此整个湖面范围内烃源岩基本都可达到成熟生烃阶段。

二、储层

Albertine 地堑储层主要为中新统—上新统砂岩，自下而上可分为 M5、M6、P1—P4、PL1、PL2、H1、H2 等生产单元，储层通常与泥岩层呈薄互层状态产出（图 2-3，图 2-10）。其沉积相主要为冲积扇、扇三角洲、辫状河三角洲及沿边界断层分布的浊积砂体等。砂体一般横向变化较快，泥质含量较高。碎屑颗粒以长石砂岩和岩屑砂岩为主，原生孔隙保持较好。野外踏勘发现 Kisegi 组（生产分层 P1—P4）砂岩储层的厚度超过 100m，储层物性非常好，储层属于叠置的河道砂复合体，孔隙度达到 39%，渗透率介于 300～17000mD。

Waraga-1、Mputa-1 和 Mputa-2 等井都钻遇了高质量砂岩储层，储层原生孔隙保持非常好，中新统—上新统砂岩孔隙度介于 27%～30%，渗透率可达 6000～8000mD。

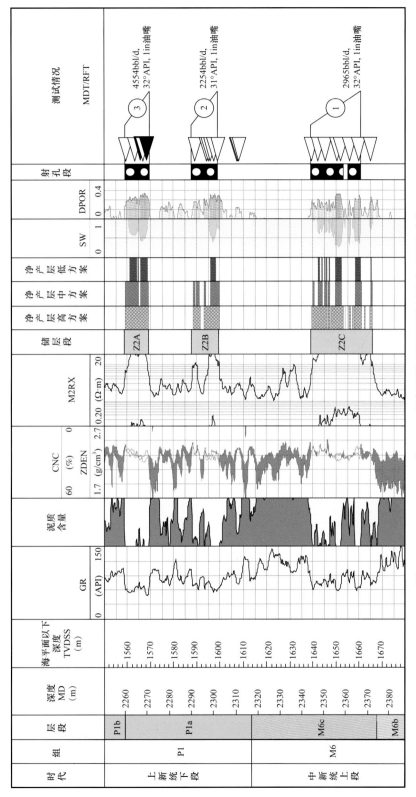

图 2-10 Kingfisher 1A 井 Kisegi 组主要测试段岩石物性及典型测井曲线

1in=2.54cm

Kingfisher 1A 井中新统上段—上新统下段三个测试层合计产油量为 9773bbl/d，平均孔隙度分别为 18%、21% 和 22%，渗透率达到了 2300mD，累计厚度为 44m。上新统上段测试产量 4100bbl/d，原油重度 30°API。Kingfisher 油田物性资料分析表明，砂岩储层孔隙度深度变化呈逐渐下降状态，孔隙度从浅层 35% 下降至 2500m 的 15% 左右，砂体纵向发育较均匀，砂地比为 20%～40%，且在整个井段中变化不明显。

此外，在地堑东侧断崖和裂谷翼部基岩广泛出露，它们在构造动力的作用下会产生裂缝，风化作用和有机酸的溶蚀将产生溶孔和溶洞等，也应具备一定储集能力。

三、盖层

在 Albertine 地堑，目前钻井在中新统和上新统都已经钻遇数十米厚的层间泥页岩（图 2-3，图 2-10），其可作为下伏砂岩储层的良好局部盖层。Kaiso—Tonya 地区野外观测表明，这些湖相泥岩岩性致密，可充当盖层和烃源岩，且区域性广泛分布。在乌干达 Kisegi—Nyabusosi 地区，Kisegi 组砂岩之上为高质量页岩层，其可为下伏圈闭提供良好的遮挡作用。

储层与盖层（烃源岩）呈互层状分布的配置状态对油气的运移聚集最为有利，烃源岩成熟生烃之后，运移至与其直接接触的砂层内，两者之间接触面积大，排烃效率高，有利于油气聚集。断层可充当油气垂向运移的通道，但普遍来讲，由于纵向上泥岩层的厚度大，容易形成纵向的封堵，油气的垂向运移距离不会很长，断距较大的断层才可以起到垂向输导作用。

此外，从盆地的结构特征可以看出，油气的运移聚集主要还受边界断层控制，由于边界断层断距很大，且基本都直通地表，因此其容易形成垂向油气散失的通道，总体来说裂谷边界断层上升盘成藏条件配置较差，有利目标都应位于边界断层下降盘，目前已经获得发现的油气田就证明了这一事实（图 2-1）。

四、油气藏类型

Albertine 地堑的成藏组合可分为构造成藏组合与岩性成藏组合两大类成藏组合（图 2-11）。现今钻探的目标基本都属于构造圈闭，包含背斜圈闭、断块圈闭、断背斜圈闭等。由于 Albertine 盆地多层砂泥岩互层结构，不同部位钻井储层物性变化不是很大，构造型成藏组合就成为目前最现实，也最容易获得突破的勘探类型。

岩性成藏组合的主要储层类型包括河道砂体、湖相砂体、冲积扇、辫状河三角洲、扇三角洲等，由于 Albertine 地堑基本为平底结构，因此砂体的规模相对于半地堑型裂谷盆地要稍大一些，平面分布范围更广。此外，由于基底暴露遭受剥蚀的时间较长，此外加上断裂的改造作用，可形成一定规模的风化壳，油气侧向运移后，也可在其中成藏。

从 Kingfisher 油田的地层测温资料可以看出，盆地内地温梯度大致在 2.45℃/100m，埋深至 2500m 时地层温度即已经到 96℃，深层烃源岩已进入生油窗。这与 R_o 演化数据也相一致，盆地深部数千米的埋深完全可以使烃源岩达到成熟生烃温度。

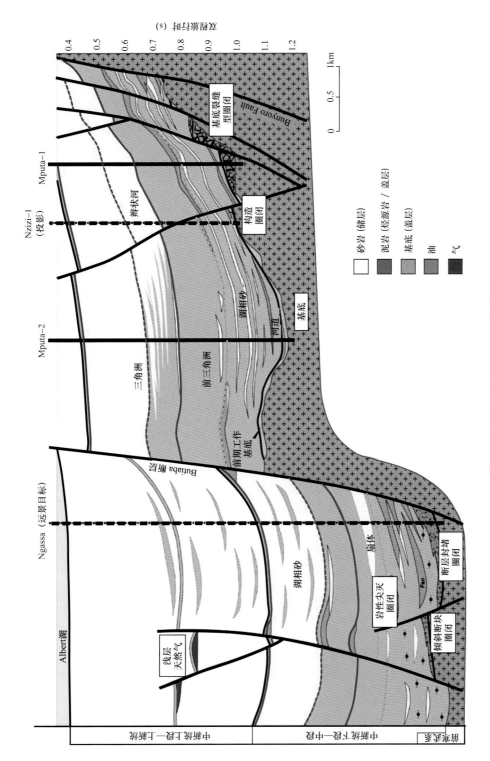

图 2-11 Albertine 地堑主要圈闭类型

第七节　油气富集主控因素

一、长期低纬度与缺氧水体有利于烃源岩的富集

古板块重建和古气候分析表明（Gas，2008），自白垩纪起东非裂谷就一直处于赤道附近，气候温暖潮湿，温度和湿度要比现今的非洲高。虽干旱与湿润气候旋回出现，但在中新世早—中期，气候正处于潮湿温暖阶段（图2-12）。在这种环境下，湖泊藻类繁盛，生物产率很高，对富有机质烃源岩形成非常有利，此时沉积了 Albertine 地堑内有效的烃源岩。现今东非的气候要比中新世早期寒冷干燥，但 Tanganyika 湖、Malawi 湖等东非裂谷湖泊浅层沉积物 TOC 含量很高，足以说明当时气候环境更有利于有机质沉积与形成。

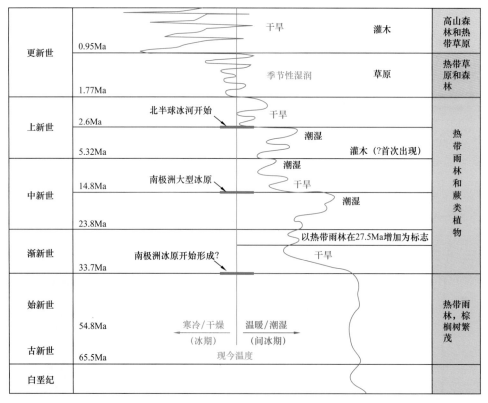

图 2-12　东非新近纪温度变化与孢粉学、植物和气候旋回（据 Hardenbol 等，1998；Gas，2008）

同时，根据钻井、地震资料分析得知，在裂谷发育早期阶段，湖泊沉降速度略大于沉积速度，能保持较久的还原环境。在这种条件下，不仅可以长期保持适于生物大量繁殖和有机质免遭受氧化的水体深度，保证丰富的原始有机质沉积并保存，且沉积厚度大。加上埋藏深度大、地温梯度高，生、储、盖频繁相间广泛接触的条件，共同构成了原始有机质迅速向油气转化并广泛排烃的优越环境。

二、气候波动变化形成砂泥岩互层结构

气候环境的波动变化形成了多套砂泥岩层叠置格局。由于气候总体湿热，大气降水量高，河流纵横密布，入湖水系非常发达，因此，也有利于湖底扇、扇三角洲、河道等形成，砂体分布密度高。同时，入湖水系流量大，携带泥砂也多，形成的扇体面积、体积大，对优质储层发育非常有利。此外，气候波动性变化影响河流入湖的水量和地点，在低位期，河流向湖泊中心逐渐迁移，使得粗粒沉积物有机会进入高水位时的深湖区。在湖水高位期，深水区重新以细粒沉积物为主，多个气候变化旋回形成多套储层—盖层（烃源岩）配置关系，对排烃和成藏非常有利。另外，受温暖潮湿气候影响，剥蚀作用发育强度大，物源供给要比寒冷干旱区更加丰富。几方面的有利因素，综合控制了湖内互层结构沉积。

三、快速埋藏过程有利于砂岩储层物性的保持

研究表明，快速的埋藏容易使砂岩的孔隙得到保存。在相同的埋深条件下，砂岩孔隙随着年代增加逐渐减小。无论埋藏较浅还是埋藏较深时，都表现出孔隙度随着地层年代的增加而减小的趋势（刘震等，2007；Gas，2008）。由于 Albertine 盆地形成历史短，新生界沉积层在 12Ma 的时间内就已经沉积了 5000m 以上（沉积中心），因此属于短时间内深埋，孔隙度损失比较小，孔隙空间更容易保存。

四、晚期快速深埋使得烃源岩在短时间内成熟生烃，成藏效率高

从钻井实测的地层数据大体可以推算，中新世晚期—上新世初期（5Ma），只沉积了中新统烃源岩，最底部的烃源岩埋深一般都不超过 1000m，可能在盆地中心最大达到 1500m，尚未达到成熟生烃门限。而成熟生烃发生于 5Ma 年以内，烃源岩在很短的时间内达到成熟生油阶段，在某些深部位已经开始进入生气窗，有利于烃源岩潜能在短期内快速释放，对成藏非常有利。同时，由于成藏晚，经受的地质历史短，受各种破坏作用的影响小，油气散失的概率也小，对保存相对有利。

五、构造变动小，油气藏形成之后总体较少经历破坏改造

Albertine 地堑在沉积过程中，总体受断裂影响较小。后期形成的断裂断距一般较小，由于 Albertine 地堑内厚层泥、薄层砂的总体结构，只有在断层的断距较大时，才有可能造成砂层对接的格局和油气逸散。但大多数断层的断距都比较小，不足以构成油气垂向散失的通道。从图 2-1 中可以看出，Albertine 地堑内的油苗主要都存在于边界断层附近，湖中的浮油一般都与断距较大的断裂有关。而砂泥岩互层结构决定了砂岩层在平面展布范围不会在广阔的区域内横向连片，这样即使存在油气渗漏，也基本集中于大型断裂附近，波及范围不会太广。

第八节 油气聚集规律

从现今的油气发现来看（表2-1），存在两个基本的规律：（1）油气主要集中于临近烃源岩的裂谷初期层系中；（2）油气大多发现于断裂上盘圈闭和湖盆北部的斜坡，产层深度小。现今发现的油气田全部为构造型油气田，除 Kingfisher 油田之外，绝大多数储层的埋深小于1000m，最浅的 Jobi-Rii 油田，主力储层埋深仅为295m，但其却成为 Albertine 地堑内现今已发现的最大油田，2P 可采储量为 325×10^6 bbl。

表 2-1　Albertine 地堑内已发现油气田基本信息

编号	名称	位置	储层埋深（m）	面积（km²）	油或气	可采储量（油）（10^6bbl）	可采储量（气）（10^6ft³）	可采储量（10^6bbl油当量）
1	Jobi-Rii	北部斜坡	295	54	油、气	300	150000	325
2	Kingfisher	边界断层上盘	1520	30	油	200	46000	207.67
3	Ngassa 2ST	边界断层上盘	2940		油	120	25000	124.17
4	Ngiri-1	北部斜坡	618	54	油、气	100	80000	113.33
5	Jobi East-1	北部斜坡	400	31	油、气	80	36000	86
6	Mpyo-1	北部斜坡	300	33	油	70	7000	71.17
7	Nsoga-1	北部斜坡	500	59	油	55	15000	57.5
8	Kigogole-1	北部斜坡	350	45	油	40	12000	42
9	Kasamene-1	北部斜坡	655	10	油、气	30	36000	36
10	Mputa-1	边界断层上盘	803	14	油	20	6000	21
11	Gunya-1	北部斜坡	500	19	油	20	2000	20.33
12	Wahrindi-1	北部斜坡	836	3.9	油	15	5000	15.83
13	Nzizi-1	边界断层上盘	792	13	油、气	10	10500	11.75
14	Ngara-1	北部斜坡	600	6	油	10	3000	10.5
15	Waraga-1	边界断层上盘	1782	5	油	10	1000	10.17
16	Ngege-1	边界断层上盘	400	49	油、气	5	10500	6.75
17	Karuka-1	边界断层上盘	700	12	油	3.6	300	3.65
18	Taitai-1	边界断层上盘	850	13	油、气	2	8520	3.25

一、油气主要集中于临近烃源岩的裂谷初期层系中

盆地发育早—中期的近补偿沉积环境造就了 Albertine 地堑内油气的分布特征，在这种环境下，砂泥岩呈互层结构发育，接触面积最大，对于排烃相当有利。主要产层段应当

集中于裂谷初期的层系中，推断主要是由于以下原因：（1）靠近盆地基底处烃源岩埋深大，且有机质含量高，在大部分地区都可以成熟生烃。（2）由于盆地中深层泥地比相仿，大致都在70%，泥岩累计厚度大。因此即使存在断层，如果断距较小，也非常容易形成泥岩对接的局面，除非断距非常大的断层，才可能构成油气垂向逸散的通道。总体来看，下部烃源岩生成的油气向上部层系运移通道并不是十分通畅，造成大量油气滞留于下部层系中，因此下部层系的潜力相应要比上部层系更大一些，这一点与国内裂谷盆地勘探中"逼近烃源岩"的情况非常类似。（3）最顶层裂谷后期层系总体以砂砾岩为主，盖层发育程度低，即使油气可以垂向调整至浅层，也基本会散失，很难有效保存。

二、油气大多发现于断裂上盘圈闭和湖盆北部的斜坡，产层深度小

钻井和地震剖面属性分析表明，Albertine 裂谷浅层存在有效的泥岩盖层。浅层泥岩盖层不但能对油藏形成封堵，而且可以成为气藏的有效盖层。在 Albert 湖北部的油田多具有气顶，盆地大部分储量集中于湖北部斜坡处，约占总储量的 2/3。以往的勘探经验认为，裂谷盆地的区域性盖层主要发育于坳陷期，而 Albertine 裂谷未经历裂谷后期的坳陷阶段，因此缺乏区域性发育的盖层，保存条件不佳。但从目前 Albertine 地堑的勘探发现状况来看，即使在现在其仍处于裂谷期发育阶段，但只要湖水的深度足够，并且持续一定的时间，仍可以形成分布范围较广的细粒沉积，其虽不能成为区域性展布的厚层泥岩盖层，但仍可对局部圈闭形成良好的封堵，成为有效盖层。

从现今油气田分布特点来看，似乎侧向运移在油气成藏的过程中起到了关键性的作用。因为 Albert 湖的北部斜坡处埋深较小，烃源岩并没有达到成熟生烃程度，现今油气发现大多数位于烃源岩成熟生烃区之外。但其地势较高，是油气运移的指向区，沉积中心烃源岩生成的油气可以沿着砂体侧向运移，并在适当的圈闭中聚集。因 Albertine 地堑形状大体呈平底锅状，盆地内同一层系内岩性变化并不像典型半地堑那样强烈，因此增加了砂体侧向接触的可能性，为油气侧向运移奠定了良好的基础。钻井资料显示，在数千米甚至更远的距离内，不同井之间的储层段可以进行良好对比，砂体分布较为稳定，这就说明油气侧向运移的条件较好，具备向浅部运移的基础。

第三章　肯尼亚 Turkana 盆地

第一节　概　　况

Turkana 盆地属于东非裂谷盆地东支北部的新生代裂谷盆地，泛指 Turkana 湖周边的相关沉积单元，地表广泛分布的火成岩是其最显著的特征之一（图 3-1），区内相当数量的高山均与东非裂谷运动形成的火山有关。Turkana 盆地主要油气活动开展于 1970 年之后，因前期业内普遍担心火成岩会对油气成藏、聚集产生较大的破坏性作用，因而总体勘探投入不多，勘探潜力认识不明确，勘探也一直未获突破。2012 年 3 月，英国 Tullow Oil 和加拿大 Africa Oil 公司在肯尼亚北部 Turkana 盆地的 10BB 区块 Ngamia-1 井发现了 135m 厚的油层，这是肯尼亚首次在该地区发现石油。Tullow Oil 在肯尼亚的发现被 Free Oil price 网站评为"2012 年度全球勘探 5 大成果之一"。

第二节　肯尼亚及 Turkana 盆地勘探历程

肯尼亚石油勘探开始于 1950 年，大体上经历了两次钻井高峰，第一次高峰为 1960—1984 年，在 Lamu 和 Anza 盆地钻井 16 口；第二次高峰为 1985—1992 年，钻探 15 口探井，两次钻探高峰均未获得商业发现。

BP 公司和 Shell 公司于 1954 年在肯尼亚 Lamu 盆地开始勘探，并钻井 10 口。尽管获得了油迹、油斑和油气显示，但由于没有商业价值，也未曾进行测试。在此期间，Frobisher、Adobe Oil 和 Burmah Oil 等公司对 Mandera 盆地进行了野外踏勘、重力航磁测量和少量地震施工，但最终均未进入钻井阶段。

1975 年，几家财团在 Lamu 盆地获得勘探权，Texas Pacific 等公司随后钻探了 Hargaso-1 井，并在白垩系获得油气显示。1976 年，Chevron 和 Esso 公司在 Anza 盆地南部钻探了 Anza-1 和 Bahati-1 两口井，在其中发现了少量烃类，但两口井都发生了钻井液污染。

1982 年，Cities Services、Marathon 和 Union 公司组成的联合财团在 Lamu 盆地海域钻探了 Simba-1、Maridadi-1 和 Kofia-1 三口深井，但未获商业发现。

1986 年，为更好地吸引国际社会勘探的兴趣，提供更大的灵活性，对肯尼亚石油勘探开发法规进行了修改。同年，肯尼亚政府与 Petro-Canada 国际公司设立了一个联合勘探项目，在与 Garissa-1 井相邻的构造上钻探了 Kencan-1 井，并对更深的层系进行了探索。

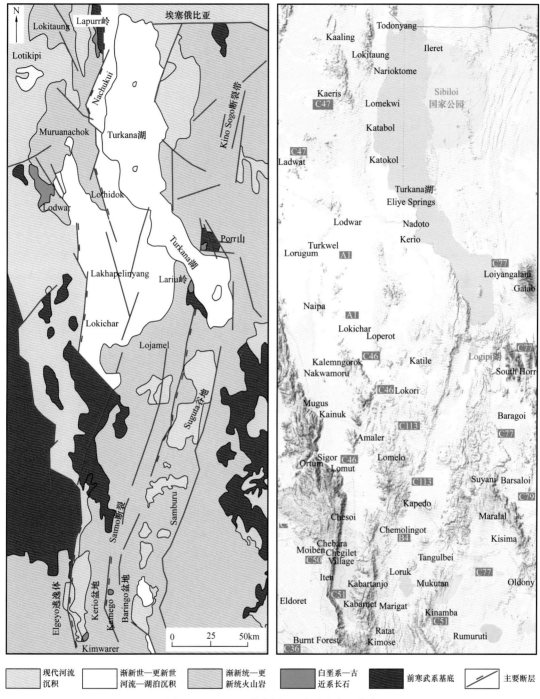

图 3-1　Turkana 湖周边地质图及火山分布

图例：现代河流沉积　渐新世—更新世河流—湖泊沉积　渐新统—更新统火山岩　白垩系—古近系长石　前寒武系基底　主要断层

1985—1990 年，以 Amoco 和 Total 公司为首的几家公司在 Anza 盆地钻井八口，在 Mandera 盆地钻井两口，这些井获得油气显示，但仍未获得勘探突破。其中，Total 公司在 Anza 盆地北部钻探了 Ndovu-1、Duma-1 和 Kaisut-1 井，Amoco 在 Anza 盆地西北部钻探了 Sirius-1、Bellatrix-1 和 Chalbi-3 井，在南部钻探了 Hothori-1 井。但这些井中没有一口发现商业性储量，在 Hothori、Endela 和 Ndovu 等井中发现了荧光和气测显示。当时的古生物地层分析显示，可能这些井钻探深度不够，因此未能揭示在苏丹裂谷盆地属于烃源岩和盖层的白垩系纽康姆阶—阿尔布阶。

在 Turkana 盆地，以 Amoco 公司为首开展了广泛的地震调查（主要集中于 Turkana 湖岸上），该地震调查证实了南北走向半地堑的存在，并且确认盆地最大沉积厚度超过 7km。随后，Amoco 将权益的 50% 转让给 Shell 公司，Shell 公司在 Turkana 盆地两个次级凹陷分别钻探了 Loperot-1 井和 Eliye Springs-1 井（图 3-2），井深均超过 3000m，这两口井证实了盆地内富有机质湖相泥岩与湖相三角洲呈互层状产出的事实（Morley，1999）。

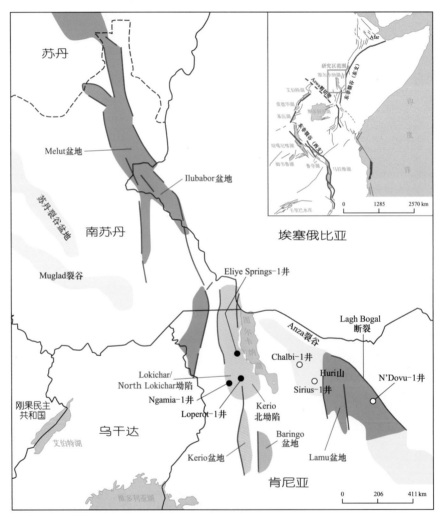

图 3-2　Turkana 及周边盆地分布

同期，在肯尼亚中部裂谷，重力、地震反射和航磁资料证实盆地充填最大厚度可超过 7000m，其可能沉积于古近系（Mugisha 等，1997；Hautot 等，2000）。在古新世和中新世的湖相沉积中发现了潜在的烃源岩，高质量的储层通常发育长石砂岩，与潜在的烃源岩层段呈互层状态出现（Morley，1999）。其中，Loperot-1 井钻遇湖相烃源岩，其 TOC 含量高，并在中新统砂岩测试中获得少量含蜡原油。

2000 年 8 月，肯尼亚开始对古近系—新近系裂谷盆地进行系统研究，研究工作结束于 2001 年 3 月。研究成果确认了古近系—新近系裂谷盆地潜在的储层和烃源岩，并证实了含油气系统的存在。

2012 年 7 月，Tullow 石油公司在 Turkana 盆地 Lokichar 坳陷 Ngamia-1 井获得重大突破。该井位于 Lokichar 边界断层的上盘背斜圈闭，在中新统钻遇两套储集层段，上部储层段为 855～1630m，测井孔隙度为 23%～29%，油层厚度为 119m，可以细分为五个储层段，原油重度大于 30°API。下部储层段为 Lokone 组砂岩段，深度范围为 1805～1980m，油层厚度为 14.5m，孔隙度约为 14%，测试产量为 281bbl/d，重度约为 30°API。Ngamia-1 井的突破，标志着东非裂谷勘探继西支的 Albertine 地堑之后，进入了新的发展阶段。

目前，在 Turkana 盆地 Lokichar 坳陷已经发现 10 个油田，7 个位于边界断层滚动背斜，3 个位于东部斜坡（图 3-3）。2P 总可采储量 5.69×10^8bbl，西部边界断层滚动背斜油田占总储量的 99%。其中，Ngamia 位最大油田，2P 地质储量为 7.82×10^8bbl，占总储量的 43%。其他几个西部油田规模偏小，地质储量均不超过 1×10^8bbl。盆地东部斜坡已发现油田油层薄，属于厚层泥岩中的薄砂层，且纵向分散，目前尚不具备商业开发价值。

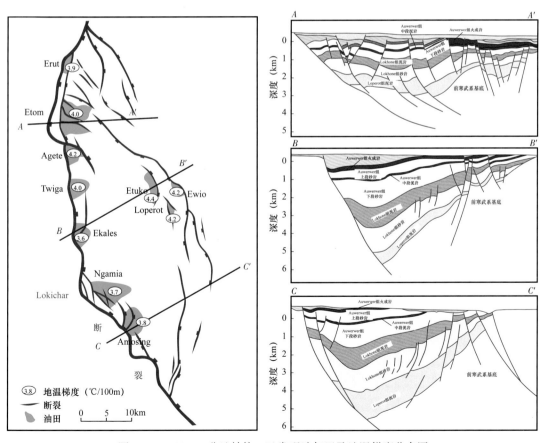

图 3-3　Lokichar 盆地结构、已发现油气田及地温梯度分布图

第三节　区域构造背景

广义的 Turkana 盆地泛指 Turkana 湖一带的沉积盆地，由北向南包含南 Omo 坳陷、Omo 坳陷、Turkana 南部坳陷、Turkwel 坳陷、Lokichar 坳陷、Kerio 坳陷、Kerio Valley 坳陷和 Saguta 坳陷等次级沉积单元（图 3-4），各沉积坳陷以断裂或隆起带分隔，大多数坳陷都为断陷结构。本节以 Lokichar 盆地为重点开展分析。

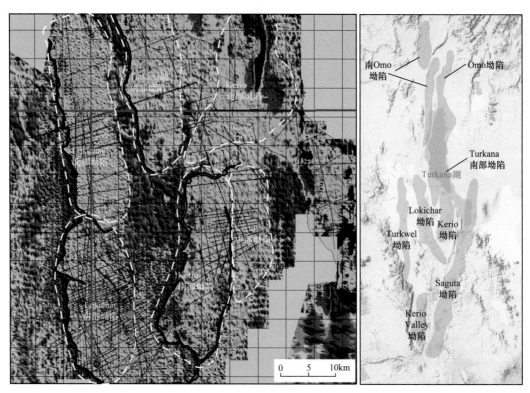

图 3-4　广义 Turkana 盆地各沉积单元分布

Lokichar 坳陷位于 Turkana 盆地东南，是一个南北方向展布的典型新生代陆内箕状断陷，具有西断东超的构造、沉积特征，西侧边界断裂受控于 Lokichar 断裂（图 3-3），其东侧、南侧出露渐新统—更新统火山岩，局部发育不连续现代河流沉积；北侧渐新世—更新世及现代河流出露程度明显较南侧更高（图 3-1）。

Lokichar 盆地长约 60km，宽约 30km，中间发育数条大致南北走向的大型断裂（Morley，1999a）。东非裂谷在肯尼亚北部 Lotikipi 地区开始裂陷的年代大致为 36Ma，伴随着强烈的火山喷发活动（Bellieni 等，1981），在 Lokitaung 地区裂陷的时间为 33—25Ma，而发生在 Lodwar 地区的时间为 26—19Ma（Morley，1999b）。Lokichar 盆地由前寒武系结晶基底和古新统—中新统河流相、湖相沉积盖层组成，沉积盖层之上覆盖了厚度约 300m 的 Auwerwer 组火成岩。此时，东非裂谷东支正处于火山活动的活跃期，其对应的时代大致为 12.5—10.7Ma。

Lokichar 盆地地层最厚达 5km，主要为陆相河流—（扇）三角洲—湖泊沉积体系，在盆地西侧陡坡带发育冲积扇和扇三角洲，缓坡带发育河流—三角洲。裂谷演化期间发生火山活动，地表覆盖了自中新世以来发育的火成岩。根据目前的钻井、地震和区域地质资料，Lokichar 盆地共沉积三套地层，从下到上依次为：渐新统 Loperot 组、下中新统 Lokhone 组和中中新统 Auwerwer 组，构成了初始裂陷期—扩张期—萎缩期旋回（图 3-5）。渐新世（约 35Ma）开始，南北向断裂开始活动，湖盆出现雏形，沉积了下部的 Loperot 组。侧向物源有限，沉积物主要来自南部和东南部轴向物源，向北流动的古水流携带了前寒武系基底风化产物，成分主要为长石砂岩。中部的下中新统 Lokhone 组沉积于湖盆扩张期，边界断层持续活动，湖盆可容空间扩大，为（扇）三角洲—半深湖—深湖沉积体系，Lokhone 组页岩是盆地重要的烃源岩。中中新世开始，随着断层活动性降低和沉积物充填，湖盆进入萎缩期，水体变浅，主要发育河流—三角洲—半深湖沉积体系，沉积

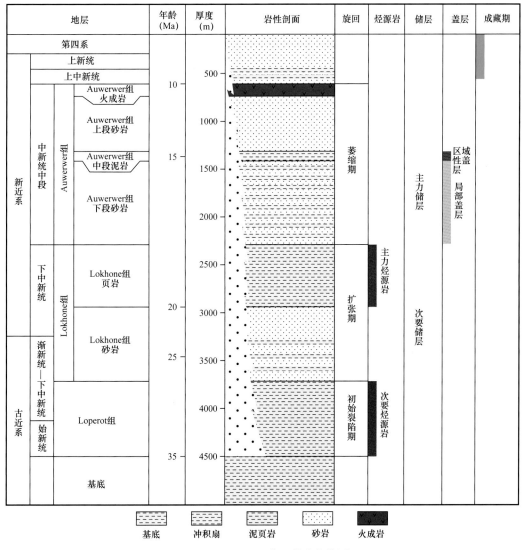

图 3-5　Lokichar 盆地综合柱状图

了上部的中中新统 Auwerwer 组。Auwerwer 组内砂岩经历了远距离河流搬运作用，储集物性好。受气候等因素影响，湖平面发生波动，较高水位期沉积了稳定发育的 Auwerwer 中段页岩。到中中新世末（约 12Ma），在肯尼亚北部地区发生了一次大规模岩浆活动，形成上部的 Auwerwer 玄武岩，厚度平均约 300m，标志新生代裂谷阶段的结束。之后，Lokichar 盆地进入第二裂陷阶段，Lokichar 断裂北段开始活动，裂陷活动传递到 Lokichar 北坳陷。受北 Lokichar 断裂活动影响，南 Lokichar 断裂发生部分活化，沉积了晚中新世以来的碎屑砂岩。

第四节　基本石油地质条件

一、烃源岩特征与生烃演化

Loperot-1 井是探索 Turkana 盆地含油气状况非常重要的一口探井，完钻于 1993 年，揭示了重要的烃源岩和储层信息。其在中新统下段 1100m 深处获得 9.5L 原油，原油含硫量低（约 0.5%），重度为 29°API，揭示了盆地具备基本的油气地质条件。Loperot-1 井于 925～1385m 之间钻遇了 Lokhone 组页岩段（图 3-6）。该套页岩段向着盆地中心方向

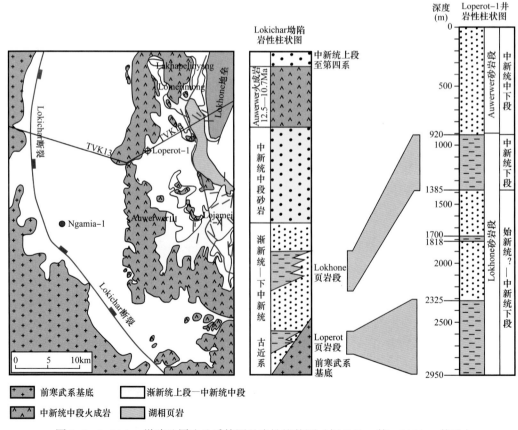

图 3-6　Lokichar 坳陷地周边地质简图及岩性柱状图（据 Talbot 等，2004a，修改）

急剧增厚，在 7km 的距离内，从 100m 变化为 400m，表明至少在 Lokhone 页岩沉积阶段，Lokichar 湖处于高水位阶段时，缺氧的湖盆环境可以向东延伸至 Kerio 盆地的北部（Talbot 等，2004）。

Lokichar 盆地具有典半地堑特征，向着西部边界断层方向，沉积充填厚度不断增大。从 Loperot 组烃源岩的厚度图可以看出（图 3-7），在其沉积时，Lokichar 断裂的三段尚未完全合并至一起，盆地的沉降幅度不大，三个次级断裂都具有各自的局部沉积中心，中部断裂处最大沉积厚度约为 1500m，但烃源岩总体沉积面积较小，分布相对局限。Lokhone 组页岩沉积时，三条独立的断层已经合并为一条大型的断层，最大沉积厚度仍出现在断层中部，与 Loperot 组烃源岩的沉积中心大致重合。Loperot 页岩段主要局限分布于 Lokichar 盆地内，表明早期湖盆范围较小，三个首尾相连的断裂控制了局部沉积中心的展布，在后期才演化成为一个整体的 Lokichar 断裂。

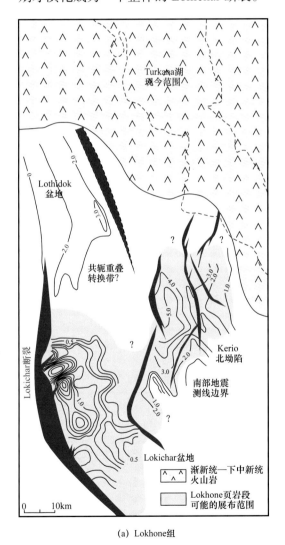
(a) Lokhone组

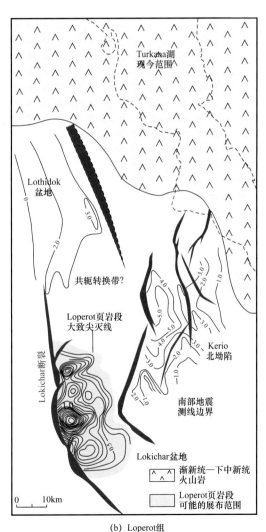
(b) Loperot组

图 3-7　Lokhone 组烃源岩厚度图和 Loperot 组烃源岩厚度图（单位：m）

Kerio 北坳陷内的等值线数值为估算的古新统—中新统厚度

1. Lokhone 段烃源岩

高品质的 Lokhone 组页岩沉积于清水环境，干酪根类型为 I 型，TOC 平均含量为 2.4%，局部层段可高达 17%（图 3-8），有机质含量较高段主要介于 1100～1385m（Morley，1999c），R_o 值最大为 0.65%，Loperot-1 井 HI 指数普遍超过 500mg/g（表 3-1）。通过与地震资料的对比，发现 Loperot-1 井对应的高振幅、连续单同相轴的特征在 Lokhone 页岩段显示非常清楚，湖相页岩可延伸至盆地深部（Talbot 等，2004）。靠近盆地边界断层，Lokhone 页岩段厚度最大可达 1000m，盆地内油气聚集主要与 Lokhone 组烃源岩有关。

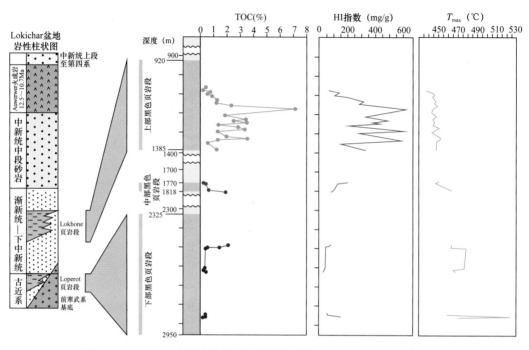

图 3-8　Loprtot-1 井地化参数及相应指标（据 Talbota 等，2004a，修改）

Lokhone 页岩段沉积于边界断层活动较强烈时期，广阔区域内沉降速率大于沉积速率，因此形成了深水、缺氧环境，可能与现代的 Tanganyika 盆地和 Malawi 盆地比较类似，现代沉积已经证实了这种深水、缺氧环境有利于烃源岩的形成（Tiercelin 等，2004）。

表 3-1　Eliye-Springs-1 和 Loperot-1 井 Lokhone 组泥岩相关地化指标

井名	深度（m）	TOC（%）	S_1（mg/g）	S_2（mg/g）	S_3（mg/g）	T_{max}（℃）	HI（mg/g）	OI（mg/g）	S_1/TOC（mg/g）	PI
Eliye-Springs-1	1881	2.42	0.07	5.01	1.53	441	207.02	63.223	2.8926	0.0138
	1887	5.24	0.13	12.21	3.6	438	233.02	68.702	2.4809	0.0105
	1890	5.54	0.13	11.79	3.72	439	212.82	67.148	2.3466	0.0109
Loperot-1	1188	8.24	0.34	47.86	0.78	441	580.83	9.466	4.1262	0.0071
	1200	4.56	0.21	21.77	0.7	438	477.41	15.351	4.6053	0.0096

井名	深度 （m）	TOC （%）	S_1 （mg/g）	S_2 （mg/g）	S_3 （mg/g）	T_{max} （℃）	HI （mg/g）	OI （mg/g）	S_1/TOC （mg/g）	PI
Loperot-1	1218	2.61	0.16	18.72	0.49	443	717.24	18.774	6.1303	0.0085
	1344	4.98	0.36	33.57	0.53	443	674.1	10.643	7.2289	0.0106
	1350	4.31	0.37	31.63	0.55	445	733.87	12.761	8.5847	0.0116
	1356	3.67	0.35	23.37	0.49	444	636.78	13.351	9.5368	0.0148
	1362	3.28	0.35	21.98	0.48	446	670.12	14.634	10.671	0.0157
	1368	2.31	0.2	14.41	0.37	444	623.81	16.017	8.658	0.0137

2. Loperot 段烃源岩

Loperot-1 井钻遇的第二套深部烃源岩为 Loperot 页岩段（图 3-8），为 Ⅱ 型—Ⅲ 型干酪根，时代大致为始新世—渐新世（Morley，1999a），其发育深度介于 2325～2950m。Loperot 页岩段质量稍差，从测井曲线推算，其 TOC 平均含量为 1.2%，有机质含量最丰富的层段位于 2410～2600m，TOC 含量介于 0.2%～3.3%，已达到成熟生烃阶段（R_o=1.1%）（Talbot 等，2004a）。Loperot 页岩段主要局限发育于 Lokichar 坳陷内，因为湖盆较小（50km 长、20km 宽），所以分布面积也相对有限。主要的沉积中心位于 Loperot-1 井西部 6～16km 处，地震资料表明 Loperot 页岩段最大厚度超过 1500m（Talbot 等，2004）。

3. 盆地热流特征

裂谷盆地地温梯度和地表热流情况对烃源岩成熟演化具有重要的控制作用。肯尼亚裂谷盆地的热流值变化很大，介于 10～110mW/m²，地温梯度介于 2.5～6.6℃/100m（图 3-9）（Wheildon 等，1994）。

Lysak（1992）综合前人的研究成果，认为热流较高的部位通常是地壳开始分离、岩石圈物质进入海底的地区（如红海和亚丁湾）。通常区域性的火山活动、温泉都表现为较高的热流值（如肯尼亚裂谷和埃塞俄比亚境内裂谷）。从肯尼亚热流分布图可以看出，裂谷盆地边缘一带热流值普遍超过 50mW/m²；而裂谷盆地内部热流达到 75～100mW/m²；在裂谷盆地中心地带，热流值可超过 100mW/m²。Turkana 盆地总体热流值介于 50～75mW/m²，南部 Lokichar 坳陷地一带达到了 75～100mW/m²（图 3-9）。Lokichar 盆地实钻资料表明，盆地地温梯度较高，平均介于 3.7～4.2℃/100m（图 3-3），较高的大地热流和地温梯度对有机质的成烃演化非常有利。

4. 烃源岩生烃演化及潜力

另一种衡量烃源岩成熟度的指标是 T_{max} 值，Lokhone 页岩段的 T_{max} 值介于 438～452℃（图 3-8）。下部稍差、HC 值较低的 Loperot 页岩段 T_{max} 值普遍介于 463～478℃，最大值为 523℃（Talbot 等，2004）。

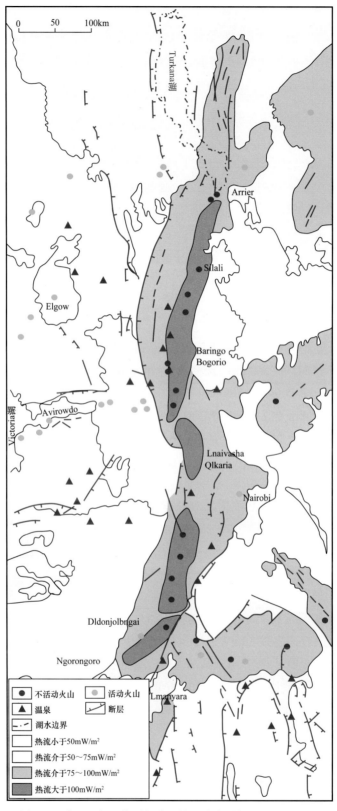

图 3-9　肯尼亚新生代裂谷盆地热流分布（据 Lysak，1992）

图例：

- 不活动火山
- 活动火山
- 温泉
- 断层
- 湖水边界
- 热流小于50mW/m²
- 热流介于50～75mW/m²
- 热流介于75～100mW/m²
- 热流大于100mW/m²

Lokhone 页岩已基本进入生油窗，其 HI 指标较高，峰值约为 600mg/g，大多数测点都超过 300mg/g（图 3-8），主要以生油为主，具有较大的生烃潜力。下部 Loperot 页岩段 HI 指数较低，均值约为 90mg/g，与上部 Lokhone 组烃源岩相比，潜力较低（Talbot 等，2004），将以生气为主。

埋藏史模拟表明，在 Lokichar 坳陷，约 10Ma 时，发生了一次构造抬升作用，并且显示出离边界断层越远，抬升幅度越大的特征。后期再未能接受厚层沉积，烃源岩埋藏深度和地层温度再未超过构造抬升之前，烃源岩演化程度基本保持 10Ma 时的格局（图 3-10）。

Loperot-1 井井底 2950m 处，温度为 149℃，地表温度若为 25℃，则平均的地温梯度为 4.2℃/100m，至 2800m 进入过成熟阶段（R_o=1.2%）（图 3-8）（Talbot 等，2004）。而地表的镜质组反射率一般为 0.2%，表明后期由于地层受构造抬升影响，发生了 650m 左右的剥蚀（图 3-10）。该剥蚀作用可能是由于断层下盘在中新世—上新世由于受盆地东侧 Lokhone 地垒隆升影响，盆地斜坡部位发生了相对隆升。

根据地震追踪的结果，Lokhone 组烃源岩在盆地西侧边界断层处，厚度将超过 1000m，最大厚度约 1250m，靠近边界断裂一侧，烃源岩已经进入生油窗，估算其成熟生烃区面积约为 550km²（图 3-10）。下部的 Loperot 段烃源岩，最大沉积厚度超过 1500m，由于其埋深大，相应成熟度也高，已大面积进入生油窗。

在野外露头并没有发现 Loperot 页岩段，地震解释表明其上超于 Lokhone 地垒的斜坡部位，因此 Loperot 页岩段很可能局限沉积于 Lokichar 坳陷内。由于 Loperot 页岩段处于层序的中下部，其形成于盆地发育的早期阶段，因此早期的断层分布格局控制了其平面的展布（Talbot 等，2004）。

对 Loperot-1 井的生、排烃模拟表明，在剥蚀厚度为 500m 时，生排油高峰自 5Ma 开始持续至今，5Ma 之前生成的烃类量非常少，仅为高峰时期的 15% 左右，排油起始于 6Ma 左右。无剥蚀情景大致可以代表盆地西缘边界断层处生排烃格局，模拟显示，生油在 10—8Ma 时达到高峰并持续至今，排油过程比生油滞后约 1Ma，两者趋势基本相同（图 3-11）。

前人研究表明，该区 Auwerwer 组火成岩形成时期为 12.5—10.7Ma，火山喷发活动会在很长时间内影响该区地温梯度，相对盆地斜坡约 650m 的剥蚀厚度，火山活动对地温梯度的提高超过剥蚀作用的影响。在 Auwerwer 火山喷发前，Lokhone 组烃源岩尚未进入生油高峰，生成的烃类相对有限，尚未能形成规模性油气聚集，因此火山活动并未对油气成藏造成大的破坏性影响。

二、储层

盆地内共发育三套油层，分别为 Auwerwer 组下段、Lokhone 组泥岩内砂层和 Lokhone 组砂岩段，Auwerwer 组上段缺乏有效盖层，未能形成油气聚集。Auwerwer 组下段为最主要储层段，平均孔隙度为 20%，渗透率为数十至数百毫达西（图 3-12）。盆地内已发现 86% 的储量集中于 Auwerwer 组下段砂岩中。Lokhone 组泥岩内砂层平均孔隙度为

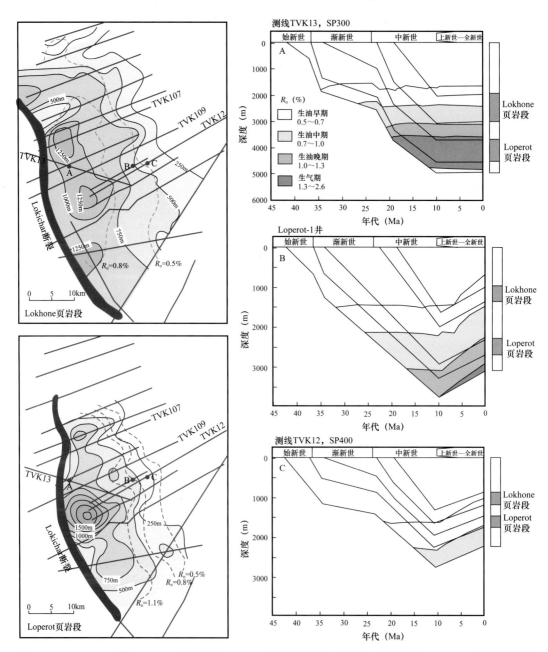

图 3-10 Lokichar 坳陷 Lokhone 页岩段和 Loperot 段平面展布、厚度、成熟度及 Loperot-1 井和模拟井
埋藏史（据 Talbot 等，2004）

18%，最大可达 28%，但单层厚度小，多呈孤立透镜状展布。Lokhone 组砂岩物性偏差，孔隙度最小为 5%，最大为 20%，平均为 13%。

1. Auwerwer 组下段砂岩

在 Lokichar 坳陷，Auwerwer 组可以划分为上段、中段和下段（图 3-13），其中，上段和下段为物性较好的砂岩，中段为泥岩，区域分布较为稳定，井间可连续对比，厚度为50～70m。因上段缺乏有效盖层，无油气发现，均为水层，油层主要集中于下段砂岩中。

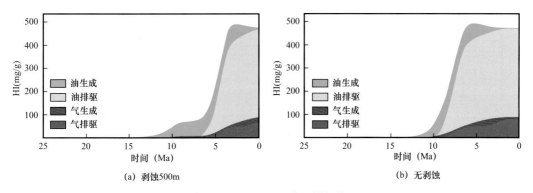

（a）剥蚀500m
（b）无剥蚀

图 3-11　Loperot-1 井生排烃史

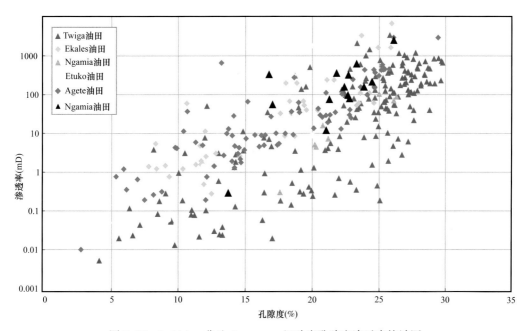

图 3-12　Lokichar 盆地 Auwerwer 组砂岩孔隙度渗透率统计图

Auwerwer 砂岩段储层的主要类型为石英砂岩，分选中等（图 3-14），因埋藏时间短，胶结程度普遍较低。已有探井统计表明，浅于 1000m 层段内，砂岩孔隙度介于15%～30%，平均为 24%；深度为 1000～2000m 时，孔隙度介于 10%～28%，平均为21%；深度为 2000～3000m 时，孔隙度为 10%～18%，平均为 15%；深度大于 3000m时，孔隙度一般小于 10%（图 3-15）。总体而言，在 2000m 以下时，次生孔隙已经开始普遍存在；3000m 以下，原生孔隙已基本消失殆尽。

Auwerwer 组下段砂体一般厚度较小，呈薄层砂泥岩互层格局，单砂体厚度普遍小于5m（图 3-16），超过 5m 的单砂体在整个砂体中的比例较低，几个小层都呈现出类似的统计特点，反映出沉积时水体深度频繁变动的特征。

2. Lokhone 组砂岩

Lokhone 组砂岩为盆地内较为次要的储层。其厚度约 300m，但物性明显较 Auwerwer组偏差，孔隙度一般介于 5%～15%，最大约为 20%，平均值为 13%（图 3-17）。

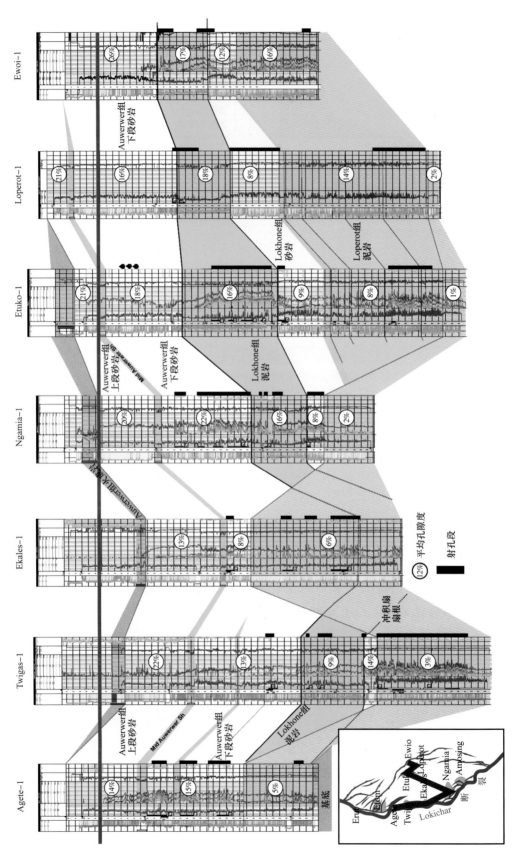

图 3-13 Lokichar 盆地连井剖面

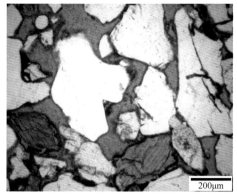

(a) Ekales-1井，1253.6m　　　　　　　　(b) Twiga-1井，1585.58m

图 3-14　Auwerwer 组下段储层薄片特征

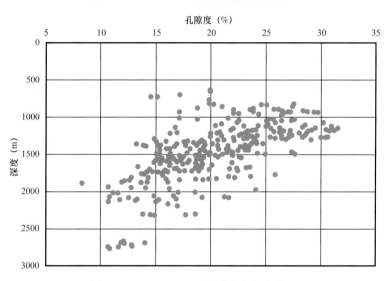

图 3-15　Auwerwer 组孔隙度与深度关系

3. Lokhone 组泥岩内砂层

因沉积时水体深度的变化，Lokhone 组泥岩内也有极少量零星砂层分布，此类砂层物性较好，总体稍差于 Auwerwer 组下段砂层，但单层厚度很薄，一般小于 3m，以 1m 左右居多（图 3-18），且分布非常零散，纵向连续性偏差，单井控制储量小，商业开发难度较大。

三、盖层

Turkana 盆地内的直接盖层主要为层间泥岩，单层泥岩厚度一般不超过 20m，与储层段呈三明治式结构长井段发育（图 3-19）。此外，泥岩盖层纯度很高，泥质含量普遍超过 70% 以上，且受断裂破坏程度较低，可以对下伏油气聚集起到很好的封盖作用。

Auwerwer 组中段泥岩为区域盖层，其分布稳定，厚度介于 40～70m（图 3-13）。但由于目前盆地西侧发现多为冲积扇相关沉积，层间薄层泥岩盖层在成藏中发挥了更重要的作用，Auwerwer 组中段泥岩居于次要地位。

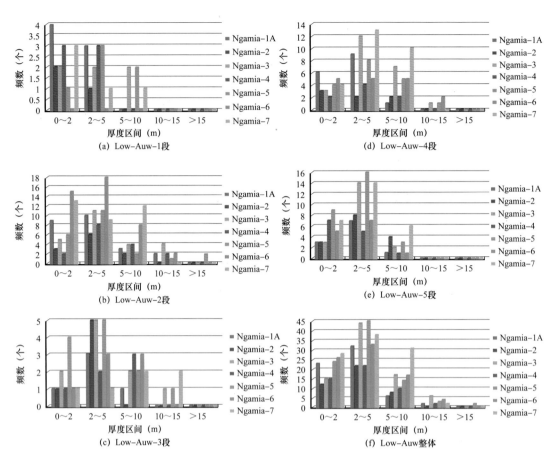

图 3-16　Auwerwer 组下段单砂体厚度特征

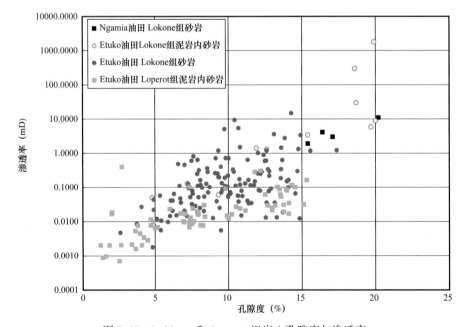

图 3-17　Lokhone 和 Loperot 组岩心孔隙度与渗透率

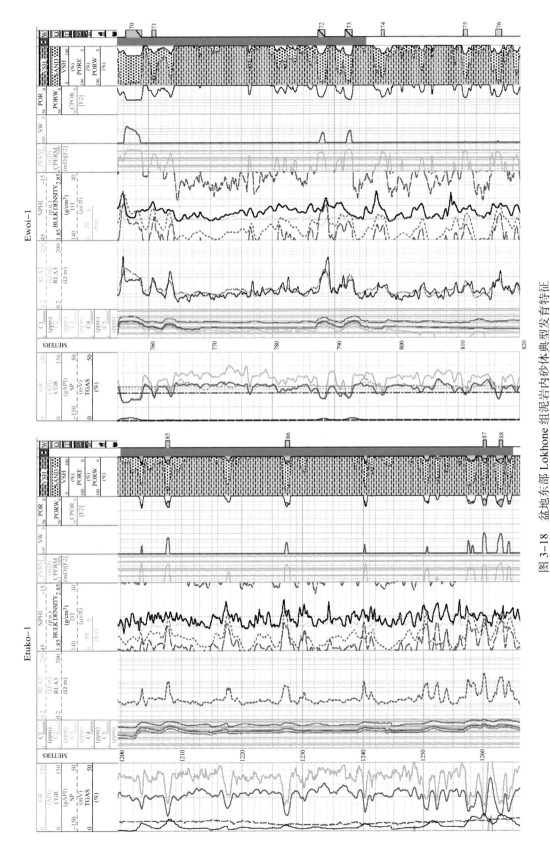

图 3-18　盆地东部 Lokhone 组泥岩内砂体典型发育特征

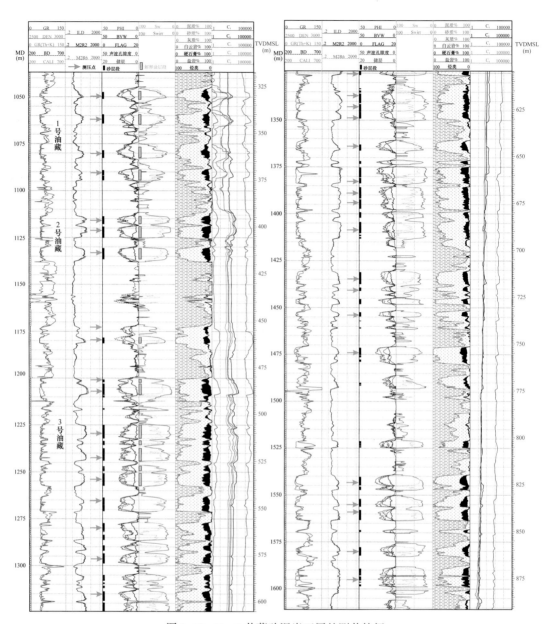

图 3-19 Ng-7 井薄砂泥岩互层的测井特征

第五节　油气成藏特征

一、已发现油气田特点

目前，Lokichar 坳陷已经发现 10 个油田，其中 7 个位于边界断层滚动背斜，3 个位于盆地斜坡，而全部的商业储量均集中于西部油田中，东部油田油层分散、规模太小，难以商业动用。

盆地西部油田普遍被断层分割复杂化，不同断块具有不同的油水界面，为典型边水油田油藏，埋深1500～2000m（图3-20）；薄层砂泥岩互层结构，小层多，纵向含油层段跨度大（图3-19）。从Ngamia和Amosing油田的实钻结果来看，单井纵向含油高度普遍在400～500m之间，部分井甚至超过1000m（图3-21）。纵向上相邻的几个砂层通常属于同一压力系统，具有基本一致的油水界面，不同压力系统的油水界面不一致，局部小层存在气顶。整体而言，即使同一油田内，各井砂地比变化范围也较大（图3-22），反映了陆相沉积储层横向变化较快的特点。

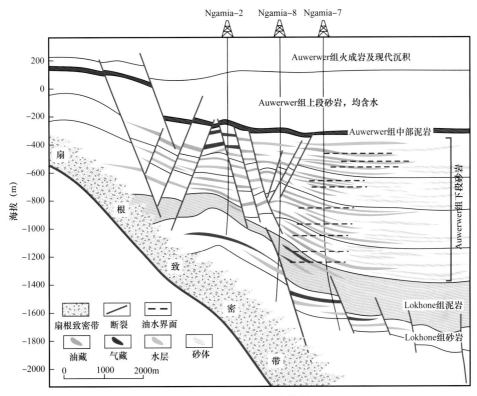

图3-20 Ngamia油田油藏剖面

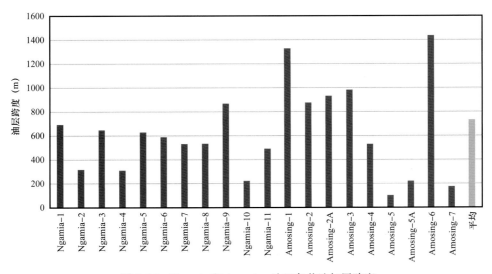

图3-21 Ngamia和Amosing油田各井油气层跨度

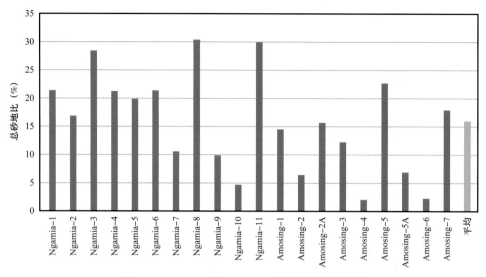

图 3-22　Ngamia 和 Amosing 油田各井总砂地比

二、盆地西缘 Auwerwer 组沉积类型

在盆地西缘地震剖面上，可普遍观察到沿断裂发育的杂乱、弱反射特征（图 3-23），这种杂乱、弱反射沿 Lokichar 边界断层连续追踪，呈条带状展布（图 3-24），目前已有多口井钻遇已钻井显示。杂乱、弱反射带所对应的岩心具有沉积粒度变化大、成熟度低、分选差、磨圆差、无层理结构等特征，大部分样点孔隙度小于 5%（图 3-25），渗透率小于0.1mD，超过 1mD 的岩心很少（图 3-26），尤其以 Twiga 油田最为典型。

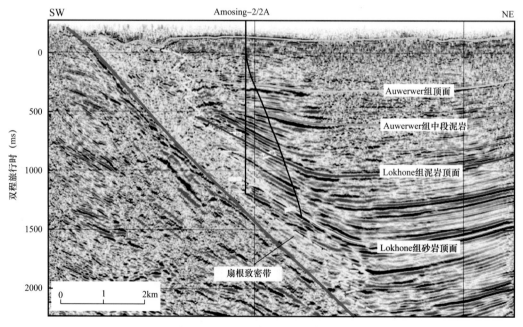

图 3-23　沿边界断层地震反射特征

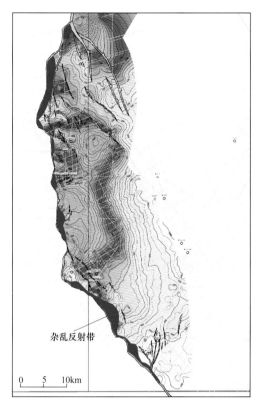

（a）Auwerwer组地震杂乱反射带分布

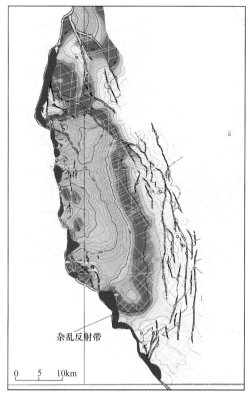

（b）Lokhone组地震杂乱反射带分布

图 3-24　沿 Lokichar 边界断层水下扇发育情况

（a）Ekales，2117.3m

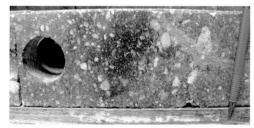

（b）Twiga南，2576.5m

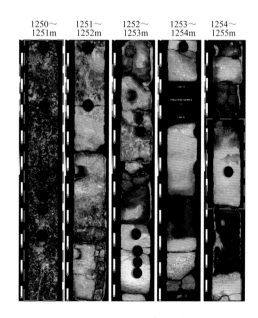

（c）Ekales-1岩心照片

图 3-25　边界断层致密带岩心照片

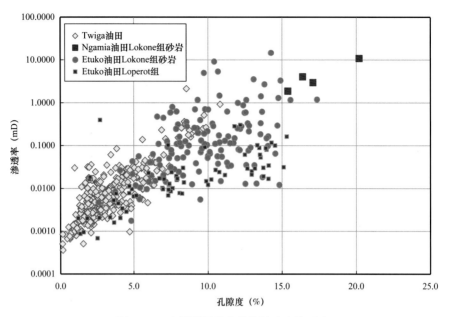

图 3-26　边界断层致密带孔隙度和渗透率

系统对比表明，地震剖面上的杂乱、弱反射带，应为冲积扇沉积，与国内断陷盆地陡坡带冲积扇非常类似，冲积扇入湖之后，逐渐演变为洪泛平原、三角洲平原和三角洲前缘沉积，进而形成有效储集体（图 3-27）。纵向上，这种杂乱反射在各个层位均有发育，反映出西部沉积物源持续供给的特点，在 Lokhone 组等泥岩沉积期，因湖盆总体水深较大，碎屑入湖后卸载快，平面延伸距离短，很快相变为泥岩；在 Auwerwer 组等砂岩沉积期，水系发达，河道遍布，陆源碎屑入湖后延伸远，影响范围广，甚至可以与斜坡形成扇三角洲沉积交接，形成广泛发育的储集体。

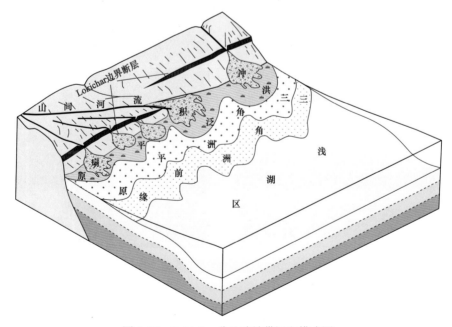

图 3-27　Lokichar 盆地陡坡带沉积模式图

东非气候新生代气候炎热，沿 Lokichar 边界断层有多个入湖水系，控制多个物源，有利于形成连片叠置的砂体（图 3-28）。此外，Lokichar 边界断层总体上坡度较缓，平面延伸距离普遍超过 10km，加上东非新生代以来湿热的气候条件，物源供给充沛，有利于大面积优质砂体的发育，目前已经发现的油气层主要集中于三角洲平原和前缘亚相中。

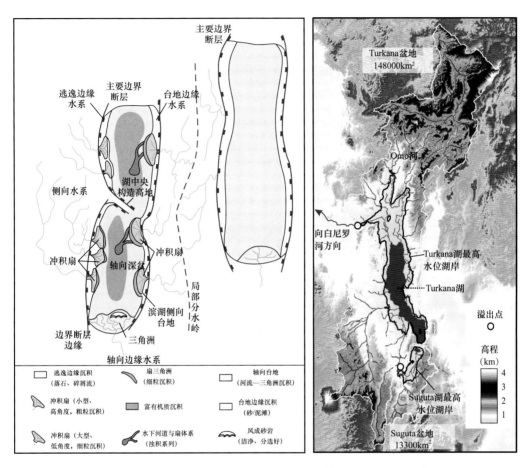

图 3-28　断陷盆地沉积相平面分布图（据 Tiercelin 等，2004；Melnick 等，2012）

三、油气成藏模式

目前，在 Lokichar 盆地西部已经发现了大量商业性油气聚集，但盆地东部目前已钻井五口（表 3-2），所有油气均集中于 Lokhone 组泥岩层的薄砂层内（图 3-18），Auwerwer 组未能解释出油层，5 口井也均未获得商业性突破，究其原因，主要是与盆地西部地质条件差异所致。

1. Auwerwer 组下段砂体发育程度

因处于断陷盆地的斜坡部位，盆地东部 Auwerwer 组砂岩多为辫状河相关沉积，单砂体厚度大，平面分布广，且泥岩隔夹层发育程度低，导致砂体纵向连续性很强。统计表明，盆地东部 Auwerwer 组下段砂岩五口井砂地比最低为 58%，最高为 78%，平均为 67%（图 3-29）。在这种背景下，层间泥岩盖层基本无效，无法起到封盖作用。

表 3-2　Lokichar 盆地东部探井信息

井名	开钻时间	完钻时间	井深（m）	完钻井位	井类型	测试结果
Loperot-1	1992.10.21	1993.01.10	2950	Loperot 组以下	探井	油
Etuko-1	2013.05.11	2013.07.23	3100	Loperot 组以下	探井	油
Ewoi-1	2013.12.16	2014.01.07	1911	Loperot 组	探井	油
Etuko-2	2014.02.11	2014.02.28	695	Auwerwer 组	评价井	干井
Ekunyuk-1	2014.04.11	2014.05.02	1802	Loperot 组	探井	干井

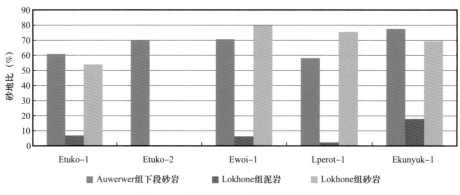

图 3-29　盆地东部井各层砂地比统计

而在盆地西部，Ngamia 油田 7 口井 Auwerwer 组砂地比最低为 28%，最高为 44%，明显低于盆地东部井。而 Amosing 油田 Auwerwer 组砂地比变化较大，最小为 27.5%，最大为 67.4%，平均为 47%（图 3-30），明显超过 Ngamia 油田，但还是要比盆地东部低 20% 左右。

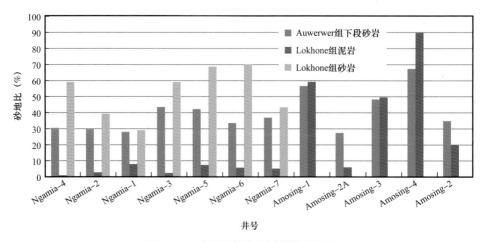

图 3-30　盆地西部井不同层段砂地比

2. Lokhone 组泥岩层内砂体发育程度

在 Lokhone 组泥岩沉积时，盆地处于最大湖侵期，湖盆范围较广，整个 Lokichar 盆地大多数地区为深湖相，砂泥比普遍小于20%，现今斜坡部位甚至砂体发育程度更低（图3-29，图3-30）。因此，虽然在盆地东部 Lokhone 泥岩段内砂体也有发育，但均为非常零星的薄层，虽然测试出油（如 Etuko-1 井 DST2 测试获得285L 原油），但开发难度也大，经济性偏差。

盆地东部四口井中，Lokhone 组泥岩砂地比最低为2%，最高为18%，平均为8%，且均为零散分布（图3-18，图3-29）。盆地西部 Ngamia 油田 Lokhone 组泥岩纵向分布与盆地东部非常类似，平均砂地比仅为5%。Amosing 油田与 Ngamia 油田则属于完全不同的类型，其中 Amosing-4 井 Lokhone 组泥岩砂地比已经超过90%，Amosing-3 井也已经超过50%（图3-30）。

从 Lokhone 组泥岩内砂层的孔隙度统计可以看出，Ngamia 油田平均为20%，而 Amosing 油田为17%，且普遍低于15%，明显比 Ngamia 油田差（图3-31）。断陷盆地通常在轴部发育河流—三角洲沉积体系，砂体发育程度高，纵向连续性强，而 Amosing 油田 Auwerwer 组下段和 Lokhone 组高砂地比的特征，可能与轴向河流入湖有关。

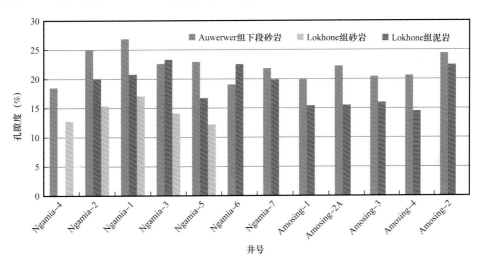

图3-31　Ngamia 和 Amsing 油田不同层段孔隙度对比

3. Lokhone 组砂岩

Lokhone 组砂岩在盆地东西两侧砂地比变化不大，在盆地西部为53%，在盆地东部为70%，两者相差不大，总体均属于砂岩。

基于以上分析，可基本建立 Lokichar 盆地的成藏模式。在盆地东部 Auwerwer 中段泥岩厚度约为50m，虽然其质地较纯，但很容易遭受断层破坏，区域盖层封盖能力的缺失，导致 Auwerwer 组下段砂岩圈闭有效性差，难以形成油气聚集。而 Lokhone 组泥岩可充当其层内砂岩的供烃源岩和盖层，但因分布分散，累计厚度小且层薄，难以形成大规模聚集。Lokhone 组砂岩在盆地东部物性好，质地纯，在反向断块中，断层两侧 Lokhone 组泥岩与 Lokhone 组砂岩对接，断层能够起到封闭作用，Lokhone 组砂岩内则可形成油气聚集，油柱高度主要取决于砂泥岩的对接程度。

而在盆地西部，目前已发现的油田均为 Lokichar 边界断层上盘滚动背斜或鼻状构造中，冲积扇致密带因为物性差，对油气成藏起到了关键性作用。对于 Amosing 油田，虽然 Auwerwer 组下段和 Lokhone 组砂地比较高，但其断层不发育，Auwerwer 组中段泥岩的封盖能力并未受到破坏，是纵向的有效盖层。同时，边界断层处位置最高，沿边界断层发育的冲积扇致密带则起到了侧向封堵作用。

对于西部其他油田，因 Auwerwer 下段砂岩中的砂地比总体较低，仍以泥岩为主，薄层砂泥岩互层结构决定了即使 Auwerwer 断层断穿，也容易在断层两侧形成泥—泥或砂—泥对接的格局，进而形成纵向的封堵作用。同时，这种砂泥岩互层结构总体对断层泥的形成比较有利，其也可对油气起到侧向封堵作用。而靠近边界断层处，因冲积扇致密带的存在，其同样起到了侧向封堵作用（图 3-32）。

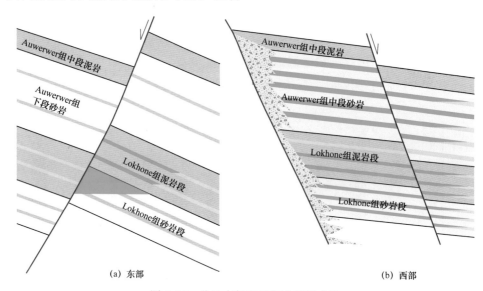

图 3-32　盆地东部和西部成藏模式图

四、油气富集控制因素

1. 中新世中期之前近补偿状态有利于烃源岩、储层大面积分布

从过 Lokichar 盆地的素描剖面可以看出（图 3-33），古近系沉积均匀，向南西方向增厚，盆地中部部分同沉积断裂活动性强，断层下降盘厚度增加明显，基本未见削截等剥蚀作用的痕迹，中新统与下部地层之间也未见明显的不整合面（图 3-33）。结合始新统—渐新统 Loperot 段烃源岩的特征，认为在古近系沉积时，Lokichar 盆地属于近补偿型盆地，沉降速率略大于沉积速率，水体深度不是很大，以浮游植物和微生物混合有机质为主，且含有大量陆源高等植物，应当为河流带入湖泊的产物。

南西—北东方向，中新统厚度变化基本一致，向 Lokichar 边界断层处厚度增加并不明显，且层系内可识别的波组基本平行一致（图 3-33），因此推测，中新统沉积时，Lokichar 盆地与北东方向的 Kerio 坳陷可能连为一体。Lokhone 组烃源岩也将延伸分布至北东方向的 Kerio 盆地（图 3-7），其沉积满足水体深度较大的要求，属于典型的湖相烃源岩。仅在中新世晚期（约 10Ma）时，由于北东方向 Lokhone 边界断层的强烈活动，

Lokhone 断垒持续隆升，盆地发生翘倾作用。中新世早期，盆地沉降速率大于沉积速率，应为欠补偿环境；至中新世中期，沉降速率降低，与沉积速率大致相等，为近补偿环境；中新世晚期，沉积速率大于沉降速率，盆地逐渐处于过补偿环境。中新统总体为水体逐渐变浅、沉积物岩性向上变粗的序列。至第四纪时，沉积范围已经缩小至 Lokichar 边界断层北东方向数十千米的范围内，第四系沉积厚度最大约 800m。

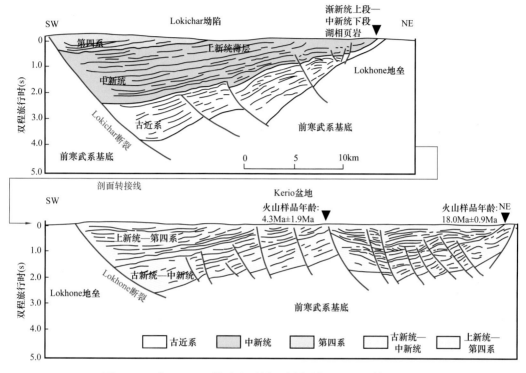

图 3-33　过 Lokichar 坳陷地震剖面素描（据 Hendrie 等，1994）

综合分析认为，Lokichar 盆地在演化历程中，基本上都处于沉降速率略大于沉积速率的近补偿状态，形成了多套泥岩层与砂岩层叠置的格局。源储的大面积接触对油气运移和聚集都非常有利，烃源岩生成的油气可就近垂向运移至砂岩储层中，同时上覆的泥岩层可充当圈闭的优质盖层，成藏效率高。

2. 温暖湿润的气候有利于形成高品质烃源岩

新生代以来，东非裂谷都处于赤道附近，气候温暖湿润。古新世—始新世，东非裂谷处于间冰期，气候温暖潮湿，热带雨林繁茂；此后至渐新世，南极冰原开始形成，气候有所变化，比前期干燥；而渐新世晚期—中新世中期，气候重新变为湿热，热带雨林重新开始繁茂。湿热的气候有利于藻类和微生物的发育，其产率很高，沉积后形成了有机质丰富的烃源岩。

3. 成藏条件匹配好，火山活动未对油气成藏起到破坏作用

生排烃史模拟表明，12.5—10.7Ma 大规模火山喷发，沉积了 Auwerwer 组火成岩地层，但主力烃源岩 Lokhone 组大规模生烃和排烃时间均晚于火山喷发期，火山活动并未对油气成藏起到破坏作用，反而在一定程度上促进了烃源岩的成熟生烃。由于 Turkana 盆地附近火山活动强烈，喷发点多，强度高，虽在 Auwerwer 组火成岩沉积之后火山活动明显减弱，但其对大地热流的影响可持续相当长一段时间，总体上对有机质的生烃转化起到了明显的促进作用。例如，Albertine 地堑内的 Turaco-1 井在 2500m 深度时，烃源岩 R_o 值约为 0.7%，刚进入生油窗；而 Turkana 盆地内的 Loperot-1 井在约 2500m 时，烃源岩的 R_o 值已经达到了 1.1%，进入生油高峰。高强度、大面积的火山活动起到了促进烃源岩成熟的作用。

第四章 Edward 裂谷盆地

第一节 概 况

Edward 裂谷盆地位于东非裂谷西支北部,其北部为 Albertine 裂谷盆地,南部为 Kivu 裂谷盆地,通过 Semliki 河与 Albert 湖相连(Chorowicz 等,1987;Burden,2007; Abeinomugisha 和 Kasande,2008;Aanyu 和 Koehn,2011)(图 4-1)。新生界沉积充填形成狭长状沉积盆地,盆地东西两侧为前寒武系基底出露区,Albert 湖以南局部地区出露新生界火山岩体(Lerdal 和 Talbot,2002;Abeinomugisha 和 Kasande,2008)。

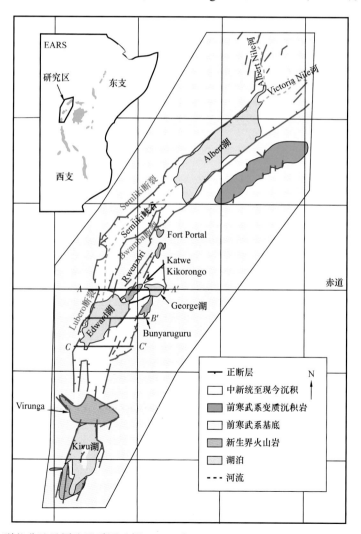

图 4-1 Edward 裂谷盆地及周边地质图(据 Lerdal 和 Talbot,2002;Abeinomugisha 和 Kasande,2008)

Edward 属 Kivu—Edward—Albert 裂谷带的一部分，该裂谷带最北端为北东—南西走向（Mcglue 等，2006），向南部逐渐过渡为北北东—南南西走向（Lerdal 和 Talbot，2002；Abeinomugisha 和 Kasande，2008），边界断层的伸展方向大致为西北西—东南东至东西方向，总伸展量小于 15%（Lerdal 和 Talbot，2002；Abeinomugisha 和 Kasande，2008）。Edward 湖水面积约 2300km^2，自东向西逐渐变浅，最深处约为 120m（图 4-2），Lubero 断层为现今湖泊边界，东侧湖泊边界距盆地 Kichwamba 边界断层约 20km（图 4-2）。

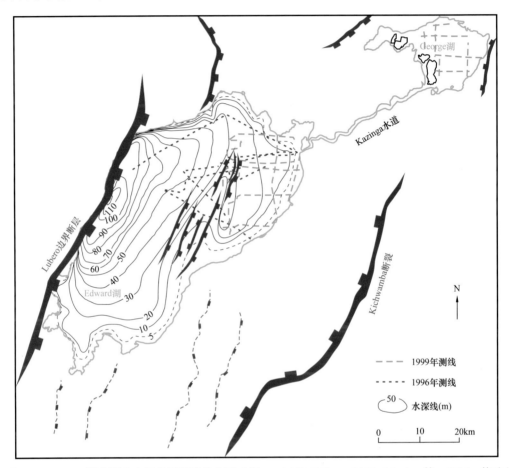

图 4-2　Edward 湖水深和主要地震测线分布图（据 Lerdal 和 Talbot，2002；Mcglue 等，2006，修改）

第二节　地质背景

Semliki 峡谷西侧的边界断层为 Semliki 断层，其向东倾斜，Semliki 半地堑即受其控制，Semliki 断裂向南一直延伸至 Semliki 西部单斜带。峡谷东部的边界断层为 Bwamba 断裂（Lerdal 和 Talbot，2002；Abeinomugisha 和 Kasande，2008）（图 4-1），其走向为北北东—南南西方向，Bwamba 边界断层也是 Rwenzori 垒块的边界断层。

Edward 半地堑位于 Semliki 地堑的南部（图 4-1），Lubero 边界断层呈北北东—南南西走向。湖面大致长 75km、宽 35km，湖泊的长轴与裂谷的展布方向相同，湖泊水深处紧邻 Lubero 边界断层。该现象表明，至少在近期内，边界断层下降盘一带处于沉降中心（图 4-2）。早期研究表明，Edward 盆地最大沉积盖层厚度可能超过 4km（Upcott 等，1996），但厚度大于 4km 的范围非常有限。与 Malawi 裂谷和 Tanganyika 裂谷类似，Edward 裂谷也发育高陡的湖岸，西侧裂谷山系的海拔超过 3000m，湖面海拔仅 912m，两者之间相差约 2100m。

Hopgood（1970）曾对 Edward 湖东部和东北部几条高角度的正断层进行过描述，它们基本上与西部的 Lubero 断裂平行，也显示出裂谷环境中常见的边缘断裂的特征。Upcott 等（1996）在 Eward 盆地中识别出了数条基底断裂（图 4-2，图 4-3），重力资料分析表明，这些构造隆起大体呈北西—南东走向，可能与前裂谷期的基底属性有关。

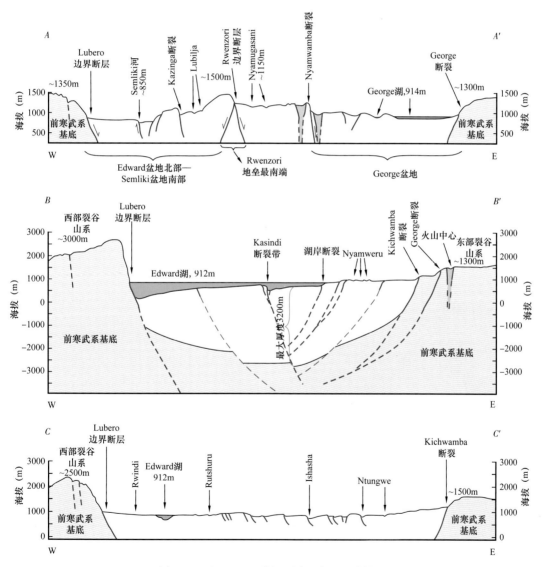

图 4-3　过 Edward 裂谷不同区域的地质剖面

剖面位置图如图 4-1 所示，B—B' 沉积盖层厚度与沉积模式根据重力异常和区域资料推测

第三节 资料情况与解译

本区勘探程度较低，Edward 湖北部仅存在少量二维测线，采集时间为 1996 年和 1999 年，George 湖上的测线采集于 1999 年（Lerdal 和 Talbot，2002）。但地震测线普遍偏短，主要存在于湖面的东北部（图 4-2），且都为浅层地震反射，不能完整反映盆地的构造格局。Mcglue 等（2006）曾利用这些地震资料对浅层的低水位期三角洲进行了识别。

1992 年，由哥伦比亚大学、利兹大学、卢本巴希大学和乌干达石油勘探开发局联合实施的重力资料采集工作完成，大体划分出了盆地的基本格局。除小块空白区外，该资料基本全部覆盖了 Albertine 裂谷的全部范围及其南部的 Edward 裂谷。

从 Edward 裂谷及临区布格重力异常图（图 4-4）可以看出，Edward 湖面范围内及其北部存在两个明显的凹陷，两个局部凹陷之间存在一个鞍部。凹陷的东西两侧表现为明显的重力异常高，反映了其沉积盖层厚度较小，George 湖处于沉积盖层较薄的部位。根据 Albertine 地堑内布格重力异常值与沉积层厚度之间的换算关系模型，2500m 深度对应的重力异常应约为 –180mGal。而 Edward 裂谷盆地布格重力异常最大值不超过 –192mGal，类比 Albertine 地堑的换算关系，最大沉积岩厚度约为 3200m（图 4-3）。图 4-4 北部的沉积

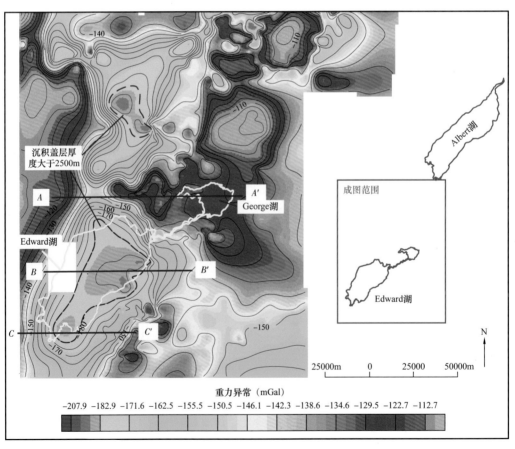

图 4-4 Edward 裂谷及临区布格重力异常图

中心可能沉积岩厚度稍大，估计在 3500m 左右，厚度超过 2500m 的面积约为 370km^2，而 Edward 裂谷内沉积岩厚度超过 2500m 的面积约为 1475km^2。

从布格重力异常资料来看，Edward 裂谷凹陷沉积中心厚度变化趋势不明显，沿边界断层并未出现厚度急剧加厚现象，整个盆地大体呈平底锅状，2500m 以深部分沉积厚度变化并不剧烈，说明边界断层的控制作用较弱，盆地属于整体沉降，这与 Alberine 裂谷的情况比较类似。现今水深最大处与沉积盖层最厚处并没有完全对应，说明在不同的历史时期，沉积中心发生了迁移转变。

第四节　油气勘探潜力

而按照 Albertine 裂谷南部 Semliki 凹陷内烃源岩 R_o 的实测数据，同时结合 Kingfisher-1 油田的温度实测数据，至 2500m 时，井下温度为 96℃，烃源岩 R_o 达到 0.7%，地温梯度约为 2.45℃/100m。Edward 裂谷与 Albertine 裂谷南部地温梯度相当，因此推测，若要烃源岩达到成熟生烃，沉积盖层的厚度至少应当达到 2500m。从重力图推测，Edward 裂谷最大的沉积盖层厚度约为 3200m，对应的最高地温约为 115.6℃，最底部的烃源岩则刚达到生油高峰。

2500m 的沉积盖层深度，若最底部发育烃源岩，则刚进入成熟生烃门限；若烃源岩发育在沉积层的中部，则不能满足深埋生烃的要求。而根据裂谷盆地的一般特征，在裂谷盆地的初始发育期，通常水体深度较小，水体环境含氧量较高，主要以粗粒碎屑沉积为特征，即使有少量烃源岩发育，通常质量也较差。而质量较好的烃源岩通常发育在裂谷阶段的中后期，Edward 裂谷内较薄的沉积盖层，并不一定能保证有效烃源岩埋深达到成熟生烃的程度，因此推测其油气勘探潜力将受到一定限制。

第五章　Kivu 裂谷盆地

第一节　地 理 位 置

　　东非裂谷盆地属于全球裂谷系统的一部分，其从北部的红海边缘一直延伸至南部莫桑比克沿海地区（Chorowicz 等，1987）。东非裂谷西支发育于前寒武系基底中，其边界由一系列正断层组成，都形成于古近纪和新近纪，部分断层在第四纪发生构造复活（Wong 和 von Herzen，1974）。在地堑基础上发育一系列裂谷湖泊，其中 Kivu 湖海拔最高，约为 1500m，Kivu 地堑北部为 Edward 裂谷和 Albertine 裂谷，南部为 Tanganyika 裂谷（Kampunzu 和 Mohr，1991）（图 5-1）。Kivu 地堑长度约 200km，宽度约 90km，其东

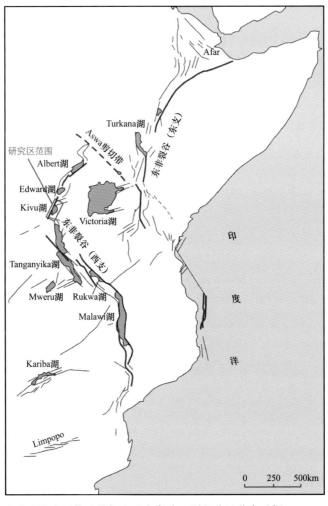

图 5-1　东非裂谷主要构造格架和现今湖泊、裂谷盆地分布（据 Ciercelin，1990）

西两侧分布属于刚果（金）和卢旺达。从构造上来讲，Kivu 裂谷属于 Alertine 裂谷的南延部分（Karnera 等，2000；Dou 等，2004）。

与南北两侧的盆地不同，Kivu 湖有较强的火山活动，南北两端分别发育有裂谷初期和裂谷后期火山熔岩。Kivu 湖蕴藏无机成因水溶气，其中 CH_4 储量为 $125 \times 10^8 m^3$，CO_2 储量高达 $445 \times 10^8 m^3$，根据 $^3He/^4He$ 的比例较高、而且湖泊附近以火山岩为主的特征，初步确定水溶天然气属于无机成因（温志新等，2012）。

第二节　重力测量特征

1970 年前后，Kivu 裂谷曾开展过重力测量，共 75 个测点数据，所有测点都处于湖岸附近，两边距离湖盆裂谷轴线的距离都约为 150km（Wong 和 von Herzen，1974）（图 5-2）。自西向东横穿裂谷轴向海拔总体由低变高，裂谷东西都显示出被高山夹持的态势，裂谷与

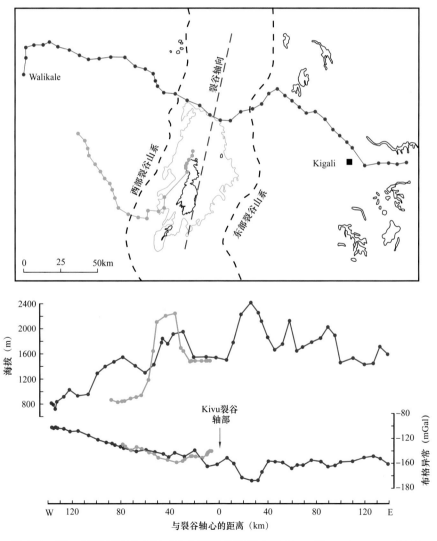

图 5-2　Kivu 裂谷周边重力测点分布及测量数值（据 Wong 和 von Herzen，1974）

肩部高山的高差普遍大于500m。而布格重力异常总体上自西向东逐渐降低，裂谷内明显表现出重力低异常，裂谷轴线基本位于地堑中央。

第三节　地震特征与沉积盖层厚度

Kivu裂谷湖泊所采集地震测线的成图结果可以看出（Wong和von Herzen，1974）（图5-3），盆地内绝大部分地区沉积盖层的厚度很小，地震双程反射时间普遍小于0.1s，按照2000m/s的地震波传播速度估算，沉积厚度不足100m。局部沉积中心出现在裂谷的北部，最大沉积厚度超过500m，可细分为三个微型沉积中心，大体上呈北西—南东走向

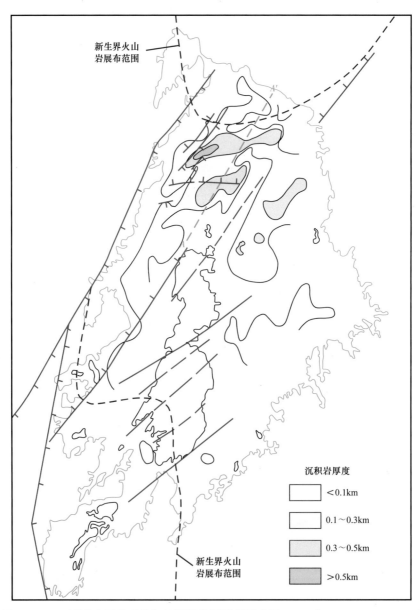

图5-3　Kivu裂谷主要构造格架及沉积盖层厚度图（据Wong和von Herzen，1974）

展布，但分布范围十分有限。由于没有较大的河流入湖，除了湖岸附近以外，最重要的沉积物为细粒硅藻土和有机质。按照沉积物的厚度推算，沉积中心充填物厚度普遍超过300m，最大为500m，而其他地区不足100m，初步判断沉积中心的发育年龄可能是其他地区的 3 倍（Wong 和 von Herzen，1974）。

剖面 A—A′ 为过盆地北部沉积中心的地质地震解释剖面（图 5-4），可以看出两个局部沉积中心被中部隆起带所分隔，其沉积盖层厚度介于 300～500m，而该地震剖面也基本是过盆地内最深部位的剖面，大体可代表盆地的主要充填特征。

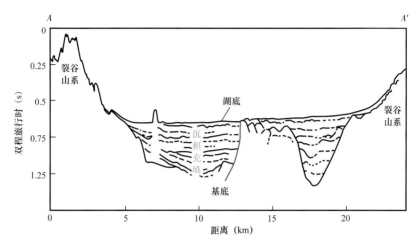

图 5-4　Kivu 裂谷北部地震地质解释剖面（剖面位置见图 5-3）（据 Wong 和 von Herzen，1974）

第四节　油气勘探潜力

按照一般裂谷盆地的发育模式，向南北两侧逐渐远离盆地沉降中心，沉积盖层的厚度要比湖盆中心更小，难以达到成熟生烃的埋深。由于 Kivu 裂谷湖面部分的沉积盖层厚度太小，最大厚度不超过 1000m，不足以埋藏达到成熟生烃阶段，因此可基本明确湖面范围内不具备油气勘探潜力。

第六章　Tanganyika 裂谷盆地

第一节　盆地地质概况

Tanganyika 裂谷盆地属于东非裂谷西支，为一狭长形地堑，地堑基础上发育的 Tanganyika 湖属于东非最大的裂谷湖泊（Cohen 和 Gevirtzman，1986；Tiercelin 等，1988；Cohen 等，1993；Allen 等，2010；Delvaux，2011），地堑由六个主要的坳陷构成（图 6-1）。湖面平均长度为 500km，平均宽度为 50km，湖水最大深度为 1470m。Tanganyika

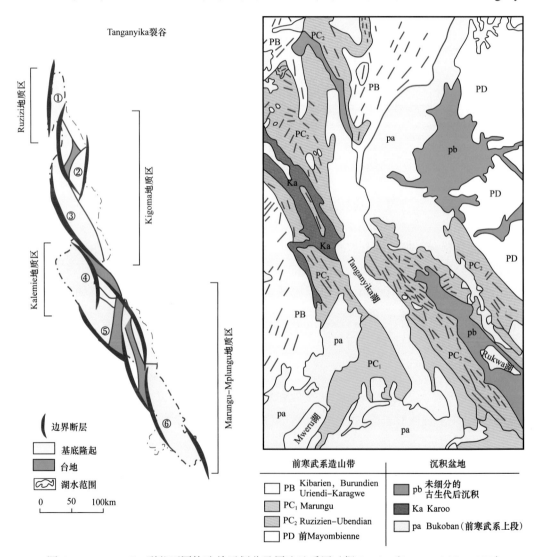

图 6-1　Tanganyika 裂谷不同构造单元划分及周边地质图（据 Sander 和 Rosendahl，1989）

裂谷盆地与典型的裂谷盆地有所不同，裂谷肩部隆升高度很大，裂谷盆地完全限制在边界断层内部，湖水边界与盆地边界完全重合（图6-1），盆地周边被前寒武系造山带出露地层所围限，盆地中北部西侧发育条带状展布的Karoo期沉积。同时，局限的水系限定了其碎屑物质的供给，使得非碎屑岩成分、叠层石、介壳堆积等在湖岸附近比较发育（Frostick和Reid，1990）。

第二节　盆地形成年代

Cohen等（1993）通过地震放射性碳（Reflection Seismic Radiocarbon，简称RSR）的方法，对Tanganyika湖进行了较为系统的年龄测定。结果表明，Tanganyika湖中部形成年龄为9～12Ma，北部和南部的年龄稍年轻一些，分别为7～8Ma和2～4Ma（图6-2），其可能要比东非裂谷西支的Albertine等盆地年轻。盆地伸展量与年龄数据结合表明，盆地发育时间越早，伸展量越大，其中部的伸展量达到了4km（Cohen等，1993）（图6-2），向着盆地两端，伸展量逐渐减小。Tanganyika裂谷可能是最初形成于盆地的中部，随着拉张作用的加剧，逐渐向两端扩展。

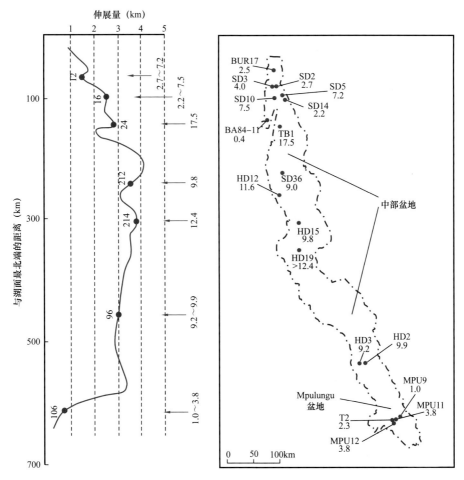

图6-2　Tanganyika湖内年龄测定点分布、数值及相应的伸展量（据Cohen等，1993）

第三节 盆地南部地震层序格架

Tanganyika 湖盆的东南已采集了两个地震工区（即 83-84 工区和 2012 工区，图 6-3），其中 2012 工区地震资料品质较好，分辨率较高，为精细地震层序研究奠定了基础，但目前尚无钻测井资料。

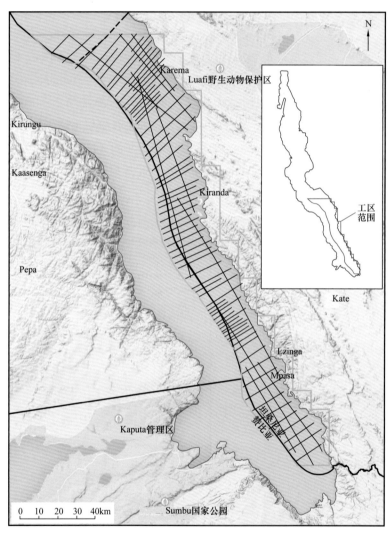

图 6-3 Tanganyika 西南研究区 2012 年地震测网图

一、层序界面特征

Tanganyika 裂谷开始发育于中新世中期，综合前人在气候、构造等方面的认识，结合地震反射特征，建立了研究区综合柱状图（图 6-4）。可以看出，研究区发育了四个具有构造意义的层序界面，即 T14、T12、T5 和 T2，它们分别代表的年代为 14Ma、12Ma、5Ma 和 2Ma，其识别特征和构造含义各异。

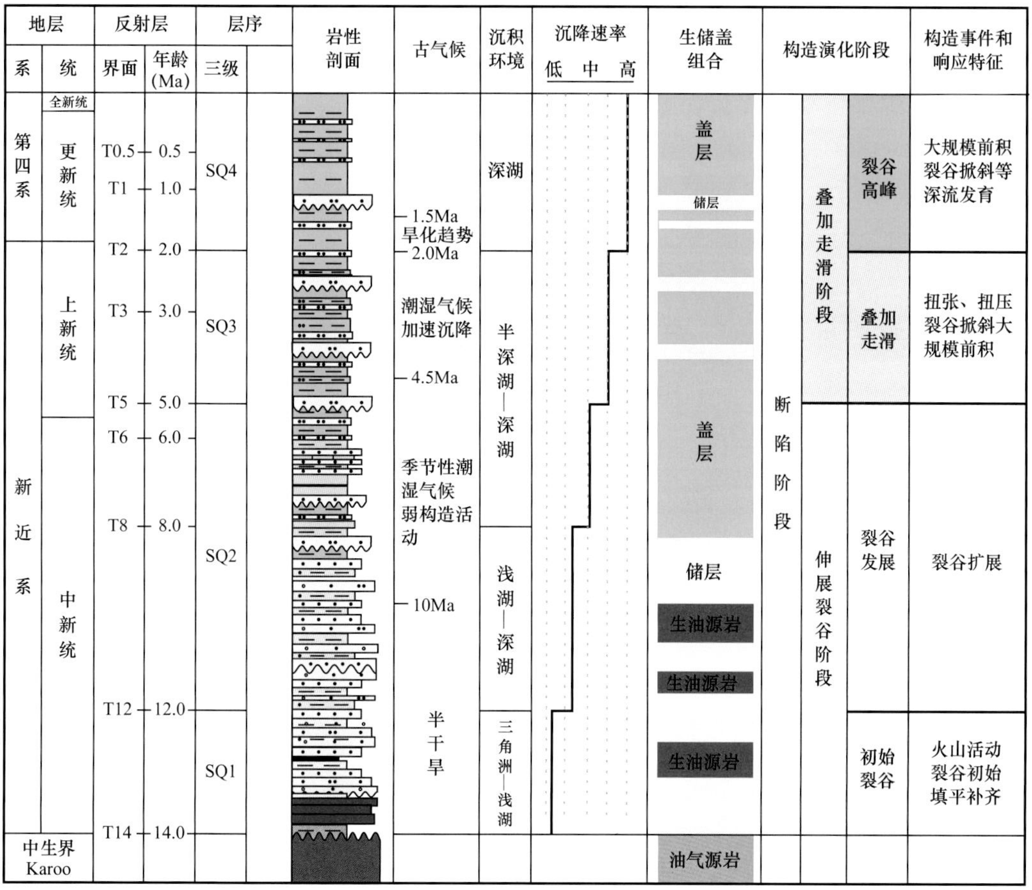

地层		反射层		层序	岩性剖面	古气候	沉积环境	沉降速率 低 中 高	生储盖组合	构造演化阶段		构造事件和响应特征
系	统	界面	年龄(Ma)	三级								
第四系	全新统 更新统	T0.5 T1	0.5 1.0	SQ4			深湖		盖层 储层	叠加走滑阶段	裂谷高峰	大规模前积裂谷掀斜等深流发育
新近系	上新统	T2 T3 T5	2.0 3.0 5.0	SQ3		1.5Ma旱化趋势 2.0Ma 潮湿气候加速沉降 4.5Ma	半深湖—深湖		盖层		叠加走滑	扭张、扭压裂谷掀斜大规模前积
	中新统	T6 T8 T12	6.0 8.0 12.0	SQ2		季节性潮湿气候弱构造活动 10Ma	浅湖—深湖		储层 生油源岩 生油源岩 生油源岩	断陷阶段 伸展裂谷阶段	裂谷发展	裂谷扩展
		T14	14.0	SQ1		半干旱	三角洲/浅湖				初始裂谷	火山活动裂谷初始填平补齐
中生界 Karoo									油气源岩			

图 6-4　东非裂谷系 Tanganyika 湖盆地层综合柱状图

新生界之下为残余中生界，很可能是 Karoo 群，该地层顶部遭受长期剥蚀，形成了 Nyanja 构造事件代表的不整合面，在地震剖面上表现为高振幅、特征清晰的反射轴组合。这个界面构成了湖盆发育的基底，前人根据"反射地震—放射碳方法"估计了湖盆充填历史（Macgregor，2015），认为该界面时间为 14Ma，之下为湖盆基底。该界面之下有两种反射特征：其一是太古宇花岗岩，表现为杂乱空白反射（图 6-5）；其二是弱的、连续的成层反射，为 Karoo 地层，在研究区以后者为主。

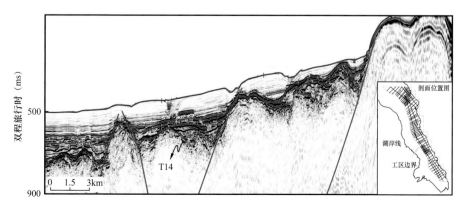

图 6-5　T14 层序界面特征（BST12-56）

层序 T14—T12 充填具有较强分隔性，代表了裂谷初始发育阶段，此时，众多小型裂谷彼此强烈分隔，形成了楔状明显的半地堑充填样式，界面 T12 超覆在翘倾基底之上，代表裂谷分隔和填平补齐阶段基本结束（图 6-6）。在南部，控制半地堑的边界断裂下盘过度翘倾，导致肩部出现了强烈剥蚀，这种翘倾导致的局部剥蚀也是 T12 界面的标志（图 6-7）。

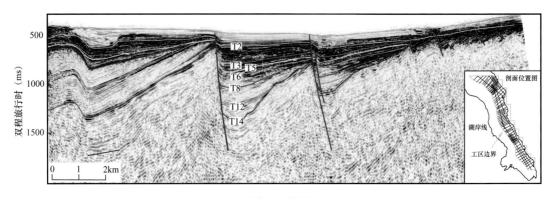

图 6-6　T14 层序界面特征（BST12-41）

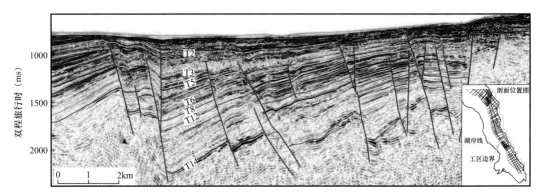

图 6-7　T12 层序界面特征（BST12-35）

T12—T5 时期，早期裂谷作为整体开始统一演化，主要表现在地震反射轴逐次向东部的缓坡超覆（仅在研究区最南部各次级半地堑之间尚具有较强的分隔性）。T5 界面开始，研究区开始受到走滑效应的影响，其上地层体现出较强的扭压和扭张特性，如负花状构造、断层空间错配和厚度不协调等。其中，中部走滑效应发育区域面积达到 280km^2。此外，T5 界面上下地层具有差异悬殊的地震响应特征，下伏地层表现为中强振幅、高连续、高频反射，代表了湖平面高位期湖相；上覆地层表现为中振幅、中连续、中频反射，内部具有前积和双向下超等特点（图 6-8），且宏观上厚度较为稳定。

在研究区北部，出现了指向北东的大型、多期次叠加的前积单元，该前积单元规模巨大，可达 300km^2，是湖盆急剧沉降和物源急剧抬升的效应（图 6-9）。T5 界面之上，研究区发育典型的多期次深湖"水道—浊积扇"沉积单元频繁侧迁叠置的复合单元（图 6-10）。综上所述，T5 界面是研究区非常重要、具有构造含义的层序界面。

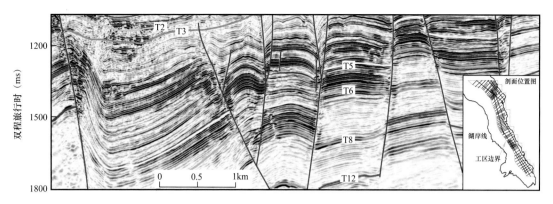

图 6-8　T5 层序界面特征（BST12-29）

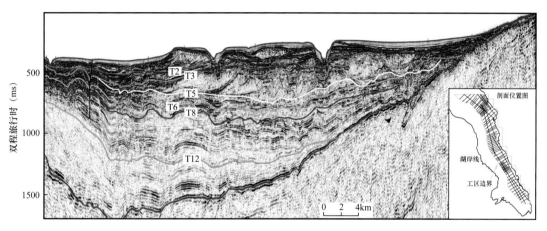

图 6-9　T5 层序界面特征（BST12-50）

T5—T2 时期，研究区稳定加深，从早期西断东超的典型半地堑逐渐向不对称的地堑结构过渡，即东部也逐渐发育边界断裂，对盆地物源和沉积产生了深刻影响。

T2 界面是一个具有重要构造含义的层序界面，具有以下特征（图 6-11）：（1）发育大规模区域性滑动—滑塌沉积单元（图 6-12），面积约 $400km^2$；（2）在重要物源通道和沉积中心区域，T2 界面之上发育了厚度超过 100ms、面积约 $500km^2$ 的大规模碎屑流沉积单元（图 6-13）；（3）在研究北部发育了指向北西、多期叠置、厚度巨大的大规模前积体（双程时间可达到数百毫秒，面积可达 $300km^2$）（图 6-9）；（4）发育了多在半深海—深海环境发育的等深流成因堆积单元，其发育位置和物源、地貌的特殊配置有关。这四个因素代表了这一时期湖盆中心以前所未有的速度急剧加深，南部地区断裂活动速率急剧加大，缓坡急剧掀斜，比较彻底地改变了深湖区物源供应和沉积环境。

二、层序结构和展布

各个三级层序（SQ1、SQ2、SQ3、SQ4）的厚度图（图 6-14）展示了层序结构特点和演化。

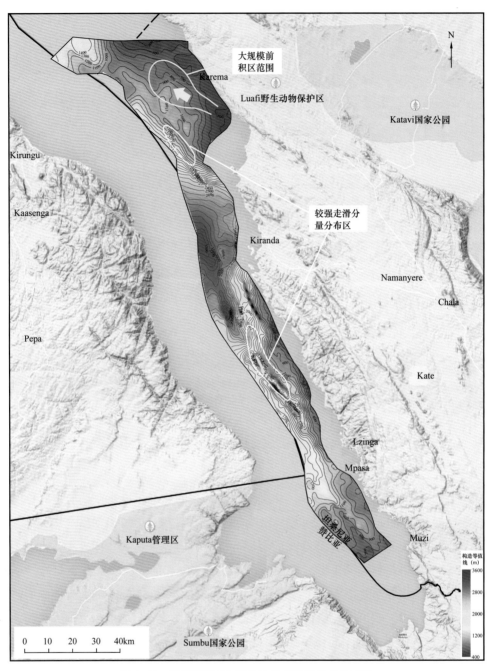

图 6-10　层序界面 T5 代表的具有构造含义的事件

　　其中，SQ1 是裂谷发育初期，在东部主控边界断裂作用下，研究区主体位于缓坡侧，在宏观西低东高、逐步抬升基础上，发育了北北西—南南东向次级凹陷，其构成了东部 Ufipa 高原物源区域指向西部的碎屑输送通道，表现为一系列指向北西方向、构造成因的地貌洼地。而北部则发育横向门槛，构成了北部凸起的第二物源，分别向北和向南输送碎屑（图 6-14a）。此外，在西部物源区和沉积中心之间发育了阶梯状过渡的地貌特征。

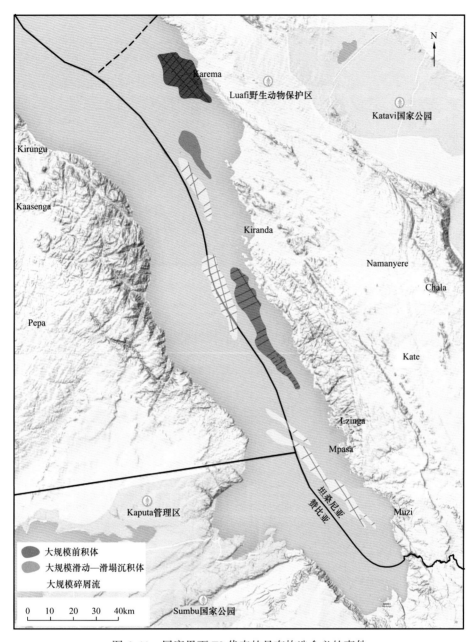

图 6-11　层序界面 T2 代表的具有构造含义的事件

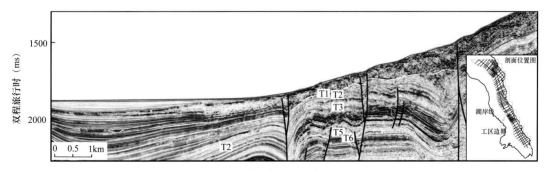

图 6-12　T2 层序界面特征（BST12-78）

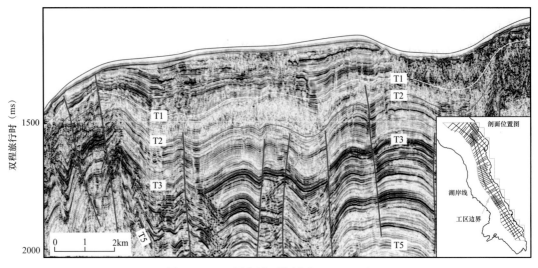

图 6-13　T2 层序界面特征（BST12-55）

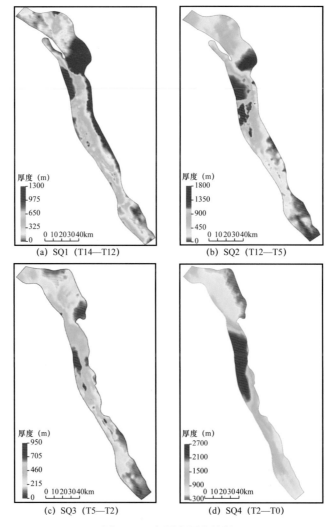

(a) SQ1（T14—T12）

(b) SQ2（T12—T5）

(c) SQ3（T5—T2）

(d) SQ4（T2—T0）

图 6-14　各层序厚度特征

SQ2 时期，在继承 SQ1 面貌的同时，凹陷范围向西和向南有限扩展，总体呈继承性发育特征，前期的北北西—南南东向次级凹陷依然存在。沉积中心继续扩展，北部凸起基本淹没水下，物源作用急剧减小；东部 Ufipa 高原的物源地位更加突出（图 6-14b）。

SQ3 时期，研究区中南部继续继承 SQ1、SQ2 的基本面貌，北部凸起区所起的物源作用已经非常微弱，整个研究区联为一体，经由两种输送体系，统一接受来自东部 Ufipa 高原的碎屑物质（图 6-14c）。

SQ4 时期的重要特点是盆地急剧拉伸下沉，推测是西部边界断裂剧烈活动，引起缓坡带急剧掀斜所致。该层序正在演化，尚不能完整评估其面貌，但沉积中心连为一片、物源区统一为东部（图 6-14d）。

第四节　构造演化和格局

一、断裂类型、分级和体系

Tanganyika 是东非裂谷系西支具有重要构造意义的一环，即 TRM 裂谷段（即 Tanganyika—Rukwa—Malawi 裂谷段）重要部分，有些学者提出了斜向张裂模式中，被认为是右旋调节断裂带，以北西—南东向调节了总体张裂方式。而在垂直张裂模式中，调节了纯粹的倾滑正断裂作用，为东西向。该裂谷段具有很大的走滑分量，被很多学者认为是理解区域动力学的关键。Delvaux 等（2012）提出，TRM 在最近的构造活动中表现为纯伸展背景，伸展方向垂直于 TRM 系统走向。

同时，在相关地区，如 Tanganyika 湖盆北部、Rukwa 裂谷及 Rungwe 火山域的综合研究中（Delvaux 等，2012），均发现陆域（包括部分研究湖域）发育两组以上的断裂体系，以北西—南东向为主，北东—南西向次之。

1. 陆域—湖域地貌构造解析

陆域—湖域综合构造形迹解释发现，研究区存在两个主要断裂系（图 6-15），其中北西—南东向断裂具有强烈的走滑分量。北西—南东断裂控制了主要伸展和应变方向，进而控制了裂谷的形成演化；而北东—南西向断裂形迹较短，起到了调节应力和位移的作用。在湖域内，北西—南东向断裂表现为走滑分量，控制了裂谷内部的应力和应变，进而控制了湖盆地貌。

2. 断层类型（正、逆、走滑）

研究区位于裂谷盆地东部缓坡带，整体上存在正断层、逆断层、走滑断层三种类型。其中，正断层多为南北向或北北西—南南东向，控制了伸展作用。走滑断层为北西—南东向，往往在继承正断裂的基础上继续发育，调节伸展空间和内部变形。逆断裂往往具有两种：第一种是和走滑断裂扭压有关的逆断裂，数量很少；第二种是在浅层斜坡地带（主要是 T2 界面之上）因发育重力成因的"伸展域—挤压域"，是挤压成因的逆断层。

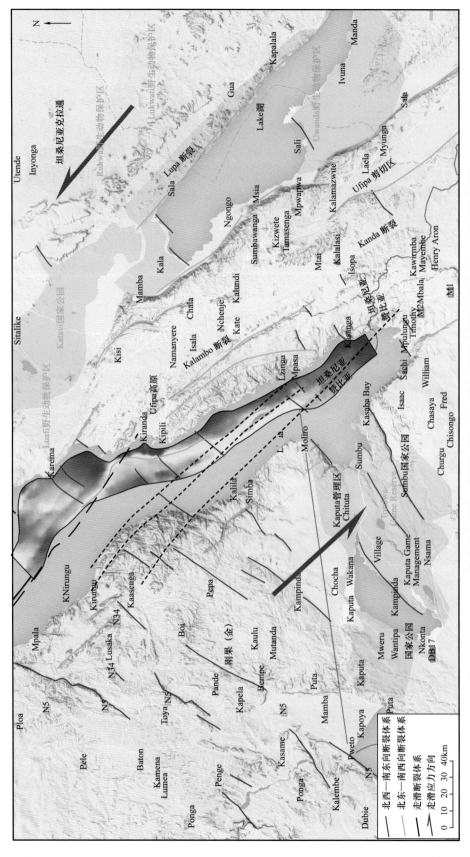

图 6-15　Tanganyika 湖盆周边陆域—湖域综合构造解释图（湖域内图件为研究区 T14 界面构造图）

1）正断裂

BST12-13剖面为主测线方向，发育两个西倾正断裂，控制了中新世以来的充填（图6-16），平面上，物源和沉积中心区域发育了两个构造坡折带，与正断裂发育的部位相对应。

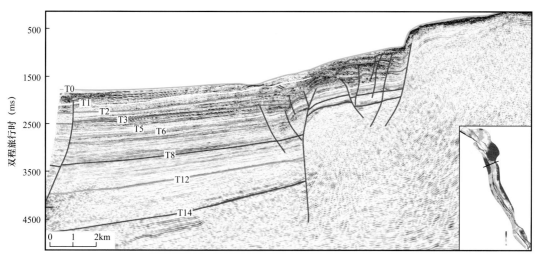

图6-16　正断裂展布样式、断面形态和断控地层作用（BST12-13）

2）走滑断裂

在研究区，走滑断裂的效应主要体现在T5以来沉积体中，在平面上集中出现在研究区中部的半地堑和周缘斜坡，这些位置具有两个特点：一是发育多条相对早期（即裂谷作用早期）正断裂；二是沉积层较厚。走滑断裂发育的这种地域选择性似乎预示了其成因，即在T5之后，盆地遭受区域走滑作用，走滑作用往往优先早期断裂继续发育（图6-17）。

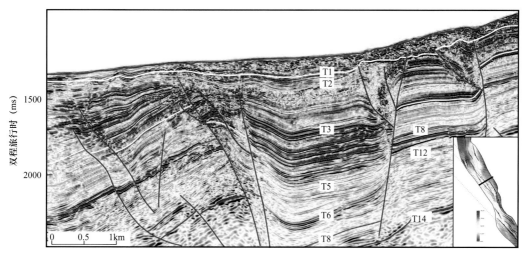

图6-17　走滑断裂展布样式、断面形态和断控地层作用（BST12-16）

研究区走滑断裂具有如下七方面特征：（1）通常发育生长地层，体现为多层次的内部上超现象；（2）（负）花状构造，向下常收敛至早期共轭的伸展断裂的根部；（3）走滑断层带之间为扭压褶皱；（4）时空上张扭—压扭并存；（5）T5界面之下的沉积地层常为楔状，具典型半地堑特点，而T5之上形成了扭张导致的相对均匀沉降，沉积层表现为"地堑"样式；（6）多受先存构造的影响；（7）具有断裂空间错配和顺断裂沉积厚度不协调的特点。

　　3）逆断裂

　　研究区整体处于伸展应力背景下，逆断裂总体不甚发育，但在特殊构造地貌背景下发育了一种海洋陆坡背景常见的逆断层甚至逆冲断裂系列。

　　如前所述，T3尤其T2界面是构造意义的层序界面，此时，湖盆进入"裂谷高峰"阶段，在强烈伸展作用下，湖盆急剧加深，缓坡带急剧掀斜，导致缓坡带的沉积体系处于不稳定状态，从而构成了研究区的"伸展域—挤压域—碎屑流"的演化序列。

　　如图6-18所示，在斜坡地貌和构造作用的双重影响下，研究区的中浅层、尤其T2界面之上发育了一个沉积体滑塌变形导致的重力（流）作用序列。位于斜坡区域的变形区域（红色线段）由三部分组成，分别为上坡方向的伸展域、斜坡方向的挤压域和中部过渡区域。其中伸展域范围较大，约400km²；而挤压域范围较小，约250km²。在其西北部还发育了一个大规模碎屑流发育区域（黄色线段），面积约320km²。

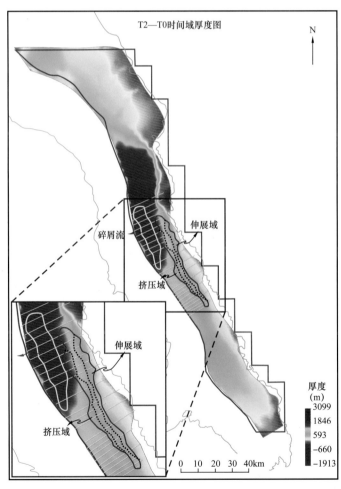

图6-18　斜坡带发育的伸展域—挤压域，分别以正断裂和逆（冲）断裂为主

在剖面上，从高部位向低部位，往往有序出现"伸展域—挤压域—碎屑流—浊流"的演变，构成了完整的水下斜坡部位常见的"构造—沉积"现象（图6-19中A），图6-19中B展示了典型碎屑流特征，C展示了上方的伸展域以伸展断裂和伸展地貌为特征，经过短暂过渡后，下部为强度逐渐加大的挤压域，以逆冲断裂为特征；继续向下，开始出现了流体化的杂乱碎屑流堆积。

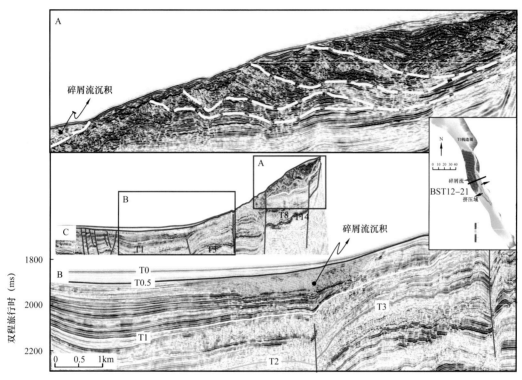

图6-19　重力（流）流态演化过程

3. 断裂分级

研究区南部为半地堑结构，控凹边界断裂位于西部，凹陷基底向东部缓缓抬升，其间又发育多个不同级次、不同形态的断裂及其组合，构成了缓坡背景下凹凸相间的构造格局。不同断裂发育有早晚差别、作用有主次之分、规模有大小之别。综合考虑，将研究区断裂划分为三类（图6-20）：Ⅰ类是控凹边界断裂，位于盆地西部，不在研究区范围内；Ⅱ类是次级凹陷的控凹断裂或长期活动、控制重要地貌背景的断裂；Ⅲ类断裂为小断裂，其活动晚、尺度小、断距小，对地貌和沉积的控制作用较弱。此外，也可以根据断裂和控凹主断裂的倾向将断裂划分为同向断裂和反向断裂两种（图6-20）。

研究区内存在三种常见的断裂组合样式，第一种是反向大断裂长期活动，和主控断裂一起构成了非对称地堑结构，主要发育于研究区北部（图6-20，*A—A′* 剖面）；第二种是在缓坡带发育了若干反向和正向断裂，进一步形成了次级地堑或半地堑（图6-20，*B—B′* 剖面），位于研究区中南部；第三种是规模相当的若干个小型半地堑，主要位于研究区南部。

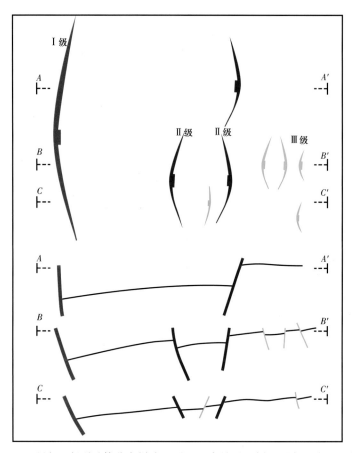

图 6-20　研究区断裂总体分布样式、平面组合关系、剖面形态和分级示意图

4.断裂特点和动力学

研究区发育正断裂、走滑断裂和逆断裂，其中前两者体现了凹陷的形成机制、物源输送和构造面貌，而第三者仅仅是派生现象，此处重点论述前两者。

T14 界面断裂体系图（图 6-21a）展示了纯伸展背景下的正断裂面貌和组合样式，而 T5 界面断裂体系图（图 6-21b）为叠加了走滑分量的断裂体系展布面貌。可以看出，后者在断裂形态等方面基本继承了前期正断裂，但此后的性质体现为扭张性。

早期伸展、后期走滑的这种面貌是研究区主导型的应力背景，是全面理解研究区断裂形态上下演变、沉积充填样式的关键。

1）伸展断裂（正断层）

伸展断裂是研究区主导的构造现象，具有四方面特点：（1）在西部（研究区外）主导性的东倾边界断裂控制下，形成了总体上西厚东薄、向东楔状逐渐减薄沉积充填的盆地形态，沉积层内部呈现逐层向东部上超的特点，具有同断裂生长的沉积面貌（图 6-22）；（2）断裂面清晰截然，上下盘地层截然接触，断层面平直，顺断层面没有裂陷盆地常见的滚动背斜等现象；（3）断层面上盘地层往往具有牵引构造特点，呈现"向形"特征（黄色虚线），这是平面非旋转式断裂导致摩擦拖曳的证据；（4）正断层上盘地层的浅层，往往出现"逆牵引构造"乃至逆断裂（红色虚线），这是后期扭压应力作用的结果，在研究区比较普遍。

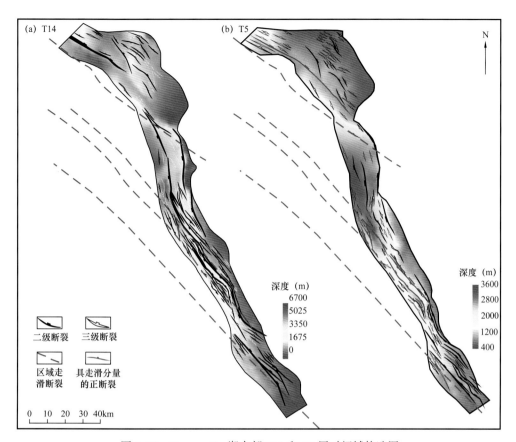

图 6-21　Tanganyika 湖南部 T14 和 T5 层时间域构造图

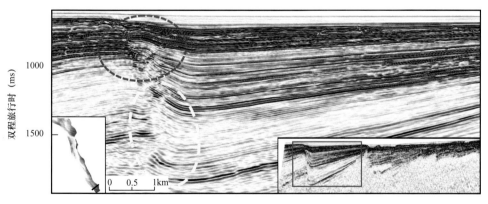

图 6-22　凹陷充填样式、断裂形态和牵引构造（BST12-38）

　　剖面 BST12-10 位于研究区北部，断面平直，上盘地层多具有典型的牵引构造（图 6-23 中的黄色虚线部分），其中的红色虚线表明了系列正断裂—牵引构造导致的背斜现象。

　　断裂的这几方面特征在研究区非常普遍，导致研究区缺乏裂谷盆地常见的滚动背斜，这是因为中新世以来 Tanganyika 湖盆断裂主要为平面非旋转式的活动特点和动力学所致。断裂的滑脱面不在通常的沉积层内，而位于下地壳其至穿透了地壳。Ebiger（1989a，b）认为，东非裂谷系西支的边界断裂的拆离面深度达到了 20～30km。

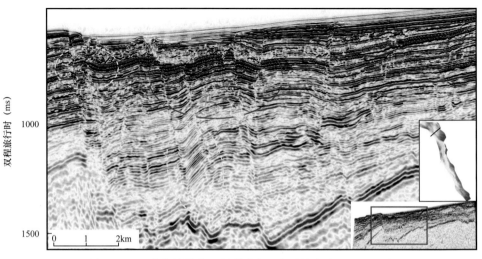

图 6-23　凹陷充填样式、断裂形态和牵引构造（BST12-10）

2）走滑断裂

T5 界面起始，研究区应力背景发生了转变，进入走滑作用强化时期，而走滑作用发生受到前期构造的影响，在影响区强化扭张和扭压，进而加强了缓坡背景下的"新"的沉降中心形成。

图 6-24 清晰展示了走滑作用的构造沉积效果，在早期伸展断裂基础上继承性叠加扭张作用，极大强化了该"凹陷"沉降和沉积，并在断裂上部形成了规模较大、较典型的负花状构造。而中部新生（T5 之后）走滑断裂的作用范围基本局限在 T5—T0 层内，极大地控制了沉降沉积，主要表现特征为新生断裂两侧厚度巨变，内部沉积样式在 T5 界面上下巨变。

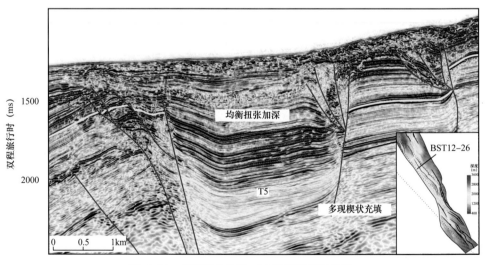

图 6-24　主测线 BST12-26 系列负花状构造

总体而言，这种走滑现象在 BST12-26 剖面附近大规模发育，在 T5 之后的走滑作用具有如下识别标志：（1）走滑作用在 T5 之后方才明显发育；（2）走滑作用发生明显受到先存构造的影响，"先存构造差异性"导致地层能干性差异，导致走滑发生具有优选部位；（3）主测线方向上形成了多个花状构造（以负花状构造为主），向深层逐渐收敛到共轭断裂根部；（4）在花状构造之间的宽阔地层则主要表现为扭压背斜或背形；（5）走滑效应在空间上往往张扭和压扭并存，在时间上往往表现为早期压扭、晚期张扭；（6）晚期张扭造就了负向条带状地貌，指向西北的沉降中心。

二、火山活动

在现今东非裂谷系中，火山活动极不均匀，体现在裂谷东支具有广泛活跃的火山活动，造就了火山高原地貌（图6-25a）。而在裂谷西支，火山活动少了很多，在裂谷西支北部有四个火山活动区，在南部则仅有一个，而在广阔的TRM区域，几乎没有火山活动。但在Tanganyika湖盆内，有多个岩浆侵入点位、多个热流高值点（图6-25b）。这种特点的原因可能是现今西支裂陷已广泛发育，火山活动的高峰期已经过去所致。

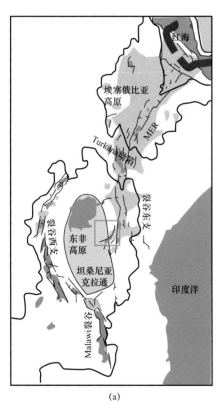

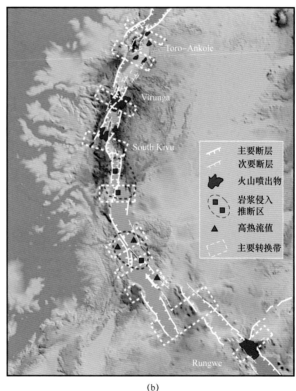

(a)   (b)

图6-25　东非裂谷火成岩分布及西支火山活动、岩浆侵入和热流高值区域

在地震剖面上，揭示在裂谷早期很可能存在活跃的火山活动，体现在极强反射轴、杂乱而断续的强反射，火山活动形成的火山碎屑流、火山熔岩构成了强烈的基底反射，屏蔽了下部信息，在基底之下，火山通道的地震反射和基底强反射之间的连通似乎可以辨认（图6-26）。

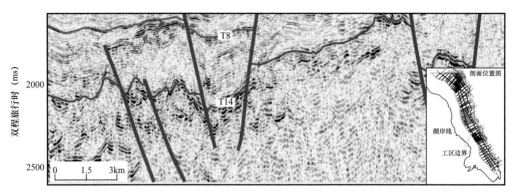

图 6-26 基底的火山活动痕迹（BST12-55）

三、构造格局

在研究区内，断裂活动性、特点、展布、组合样式具有分段性。同时，断裂活动造就了各个地区古地貌和演变的差异性，这种差异性也是构造格局分析的基础。综合考虑，将研究区划分为五个大区（图 6-27 和图 6-28）：

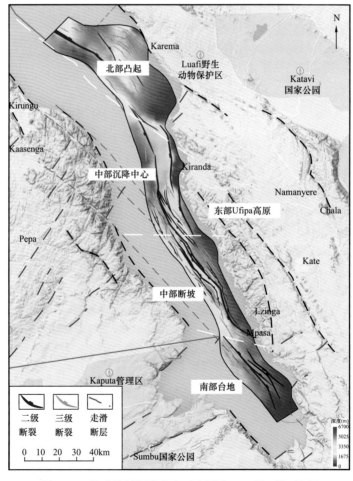

图 6-27 构造格局划分方案（底图为 T14 界面构造图）

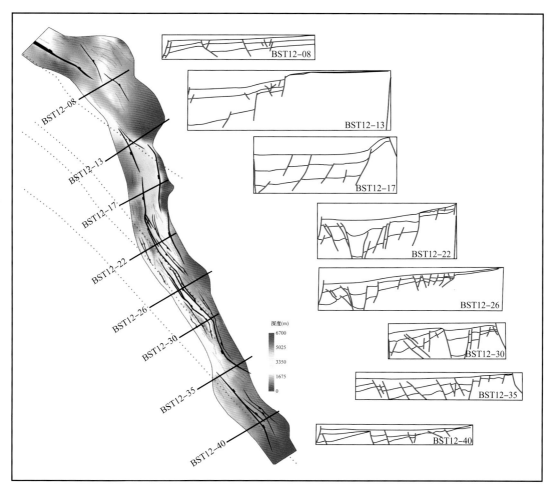

图 6-28　构造格局的断裂组合样式、构造—沉积面貌（底图为 T14 界面构造图）

（1）A 区，位于研究区最北部。在裂谷早期高出湖面，为 Tanganyika 湖盆分段之间的横向门槛，扮演了研究区的北部物源。随着时间推移逐步下陷，物源作用减弱，但始终是位于水下的横向门槛。这一区域的意义在于其是湖区裂谷段之间极性的转换带，可命名为"北部凸起"。

（2）B 区，位于研究区西部，构造意义上的缓坡东侧高原，即所谓 Ufipa 高原，横亘研究区东部，南北方向，受 TRM 带右旋作用影响，形成系列的北西—南东向凹凸相间的地貌，并受扭压影响，构造单元有所扭曲，可命名为"东部 Ufipa 高原"。

（3）C 区，位于研究区中北部，向西可能继续急剧加深加厚，向北和向东均为陡峭的高原，之间往往被高陡断裂形成的悬崖相隔，向南以坡折带和 D 区相邻。C 区沉降最深，沉积厚度最大。C 区和周缘四个单元的接触关系是研究区构造—沉积演化研究的核心问题，可命名为"中部沉降中心"。

（4）D 区，位于研究区中南部，整体始终保持东南高、西北低的构造格局，之间发育了数量众多的北西—南东向、北北西—南南东向的断裂，造就了整体缓坡背景下凹凸相间的长条状地貌。D 区是研究区断裂活动最复杂的区域，伸展构造在后期又叠加了走滑分量，形成了复杂的构造—沉积面貌。可命名为"中部断坡区"或"中部缓坡带"。该地貌单元内长期存在一个复合地堑式的次级沉降中心，走向为北西—南东向，受控于两条相向倾斜的正断裂，为这一地貌单元最显著的特点，可称之为"缓坡纵向地堑"或"缓坡断槽"。

（5）E区，位于研究区南部，是研究区最晚发生裂谷作用的部位，在保持整体构造一致性的同时，和北部的D区之间以一构造阶地相隔。半地堑作用最为显著，火山作用的主导地位依然突出，可命名为"南部台地区"。

四、构造演化

中新世中期以来，湖盆经历了Nyanja构造事件，在复合基底上经伸展作用，开始了裂谷的形成和充填。自此，从构造动力学来看，自中新世中期以来，研究区经过两次应力的转换。首先，中新世中期—上新世初（即T14—T5），盆地基本为伸展阶段，走滑分量很弱甚至无，根据伸展强度和局部不整合面，这一阶段可进一步划分初始裂谷（T14—T12）和裂谷扩展（T12—T5）两个次级阶段。其次，上新世至今，在伸展应力基础上叠加了较强的走滑分量，根据内部不整合面可进一步划分两个次级阶段，即叠加走滑阶段（T5—T2）和裂谷高峰（T2以来）阶段（图6-4）。

研究区经历了以下四个构造演化阶段：

SQ1（T14—T12）为初始裂谷阶段，主要表现为火山活动、半地堑初步拉张、凹陷初始充填并填平补齐阶段。整体上强烈受控于西部边界断裂，半地堑形态突出，缓坡带内部分异尚不明显。此时，研究区存在东部和北部两个物源（图6-14）。

SQ2时期为裂谷扩展阶段，这一时期研究区快速加深，快速扩充，形成了面积大、沉积稳定的地层，根据地震剖面特征，出现了稳定的深湖环境，发育了研究区第一套潜在烃源岩。沉降中心位于中部沉降区，此处的快速沉降导致东部、北部和南部均快速掀斜，北部凸起快速淹没至水下，物源作用急剧减弱（图6-14）。

SQ3时期，盆地走滑效应开始出现，导致走滑带地层充填开始发育特征性花状构造。

SQ4时期，走滑效应继续加强，盆地急剧掀斜，形成了若干个坡折带，导致发育了大面积"滑动滑塌区—挤压褶皱区—碎屑流—浊流沉积"序列，不整合特征突出。

第五节　物源及输送体系

宏观而言，研究区存在两个物源，即北部凸起物源区和东部Ufipa高原物源区，以下分别简称为北部物源和东部物源。

一、物源区及输送体系

1. （古）地貌类型

研究区经历了四个构造演化阶段，它们的构造和沉积特点在具有差异性的同时，也具有较强的继承性。

前已述及，研究区主体为大型半地堑的缓坡带地貌背景，划分为五个构造单元。宏观上发育三种类型古地貌，即缓坡带、高陡正断裂悬崖和沉降中心区地貌。缓坡带地貌内部因发育若干反向或正向断裂而复杂化，形成若干断裂控制的条带状凹槽，且凹槽形态多变，主要包括地堑式、同向半地堑式和反向半地堑式，这些断裂通过不同组合可构成不同的缓坡带地貌（图6-29a）。高陡正断裂悬崖地貌主要位于盆地北部和西北部，强活动性的正断裂构成了高耸悬崖和毗邻快速沉降的"中部沉降区"，可进一步细分为调节断裂带、简单悬崖和滑坡悬崖地貌（图6-29b）。沉降中心地貌东西向和南北向略有差异，总体上由北、由东、由南向中心、向东部逐渐降低（图6-29c）。

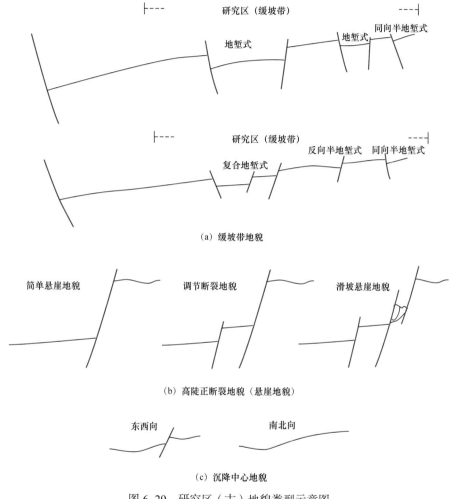

图 6-29　研究区（古）地貌类型示意图

　　上述这些地貌因素综合构成了研究区的地貌特点，彼此过渡的方式和部位就构成了不同的坡折带，控制了沉积类型、沉积动力学和沉积厚度，这些古地貌因素是研究的关键。

　　2.（古）地貌成因和作用

　　从中新世中期以来Tanganyika湖盆的演化中可看出，断裂是湖盆地貌类型和面貌的主控因素，断裂特点、活动方式、组合样式构成了地貌分析乃至沉积分析的关键因素（图6-30）。研究区大致存在以下几种地貌模式组合和对应的物源输送样式。

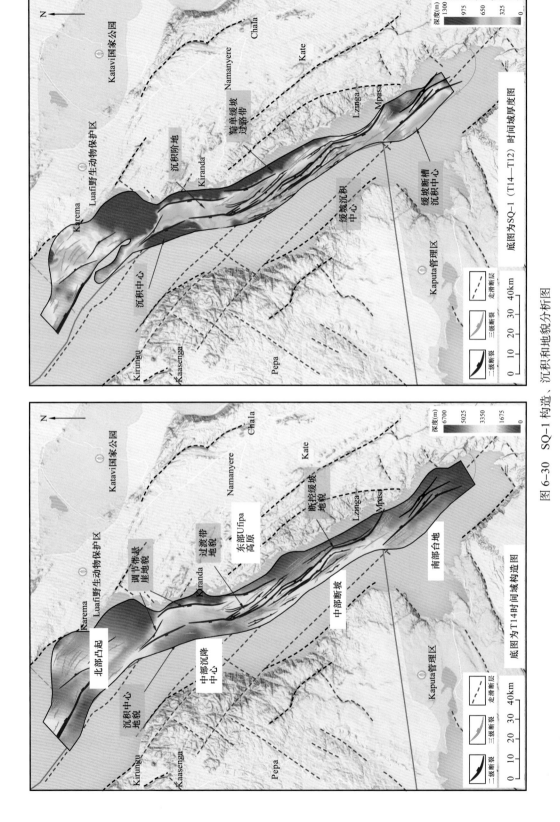

图 6-30 SQ-1 构造、沉积和地貌分析图

1）双半地堑模式

这种地貌类型主要发育在研究区北部。以北部凸起相隔，东西两侧分别为地堑或半地堑。北部凸起西侧为两个高陡断裂造就的阶地和悬崖地貌，其在湖盆演化初期就存在并发挥物源通道作用，之后作用逐渐减弱，在 T5 之后，随着北部凸起基本被淹没，物源作用随之中止。东侧为非对称半地堑，接受两个物源供给：其一为北部凸起尚未完全淹没的小物源，其二为来自西南方向、斜向的长轴物源（图 6-31a）。

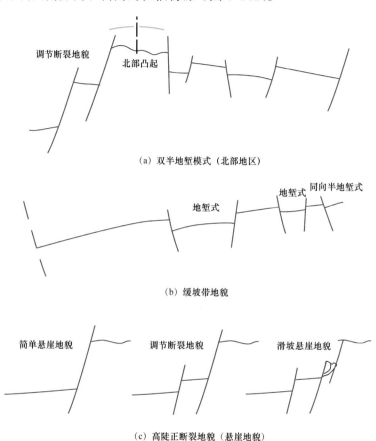

（a）双半地堑模式（北部地区）

（b）缓坡带地貌

（c）高陡正断裂地貌（悬崖地貌）

图 6-31　地貌成因和物源作用

2）（断控）缓坡带模式

系列断控在缓坡背景下形成了一系列北东—南西向、大小不一的槽状洼地。总体物源由南西方向指向北西方向，中间借助这些系列槽状洼地作为主要长轴输送通道。

3）高陡正断裂物源模式

如果是简单悬崖地貌，往往缺少来自侧方或上方的事件性滑塌碎屑流，这种地貌效应非常有利于等深流的发育，进而进一步扩大等深流效应，使其不被重力流淹没。

滑坡悬崖地貌因周期性滑塌碎屑流作用改变了深湖沉积动力，湮没了等深流的沉积效应（图 6-31）。

3.调节断裂系的长轴物源输送体系

1）理论：调节断裂和调节带（变换带）

裂谷演化中往往具有分段性的特点，各裂谷段断裂分段演化、交错并列，进而派生连接断裂，并最终连接为统一的大断裂，并导致各早期分段断裂的末端逐渐消亡，这是断陷盆地控凹断裂发展的普遍规律（图6-32）。断裂的这种特点控制了下盘的沉积充填样式，对于物源输入具有巨大控制作用。

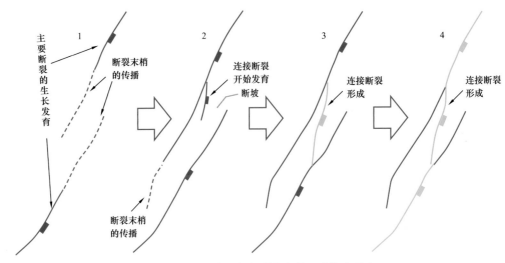

图 6-32　断裂分段与断裂的生长、连接和融合

　　研究断裂分段性和后期的连接生长方式可以通过露头和地震资料进行。图6-33展示了断裂连接方式和地震判别方法，其中（a）为两条早期断裂彼此错列生长，逐渐在两条相向生长的断裂末端形成错列段，进而产生连接小断裂，并最终通过连接小断裂共同成长为统一的大断裂，而早期的两条分段断裂的末端逐渐停止生长而消亡，但其早期的沉积效应依然存在。（b）为判断方法，A—A'，C—C'两条剖面分别切穿了两个分段断裂的中心，在剖面展示为一条单一的主控断裂；B—B'则不然，其穿过了两条分段断裂的错列部分以及后期的连接断裂，因而在剖面上表现为2~3条控凹断裂，但其活动时代和强度有差异。

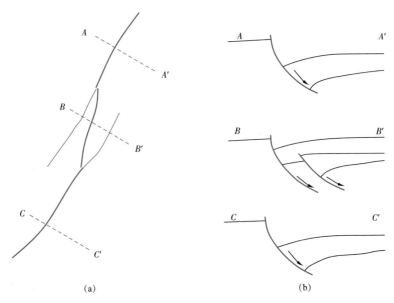

(a)　　　　　　　　　　　　　(b)

图 6-33　断裂分段与连接的判别研究方法

研究区存在多个由多条断裂的时空配置产生的调节带（变换带），它们沟通了物源和盆地，是输送体系研究的关键一环。

2）调节断裂和调节带一

在研究区北部，"东部Ufipa高原"和"北部凸起"物源体系交会部位存在一个断裂调节带。两条二级北西—南东向、同向西倾的正断裂在空间上叠置，之间构成一个构造意义上的调节带，调节带内还发育一系列正向或反向的三级断裂，但没有改变调节带基本面貌。

T5构造图清晰表明，调节带构成了中间凹，两侧略高、指向西北的条带注槽，和陆域地貌浑然一体，构成了西部物源碎屑输送必须经过调节带，形成了指向北西的物源输送体系，这在联络测线（北西—南东向）的巨大前积体上得以证明（图6-34）。而在T0构造图上，因为受到T2之后强烈的掀斜作用，该调节带总体呈东北高西南低的面貌，这种面貌不影响调节带的物源输送作用。

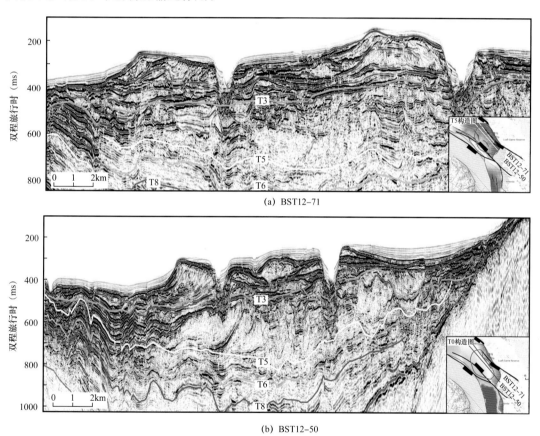

图6-34　调节带和物源输送体系

3）调节断裂和调节带二

在北部凸起扮演物源的早期（T14—T5时期），北部物源东南方向同样发育了两条同向正断裂，因而在系列主测线上均呈现两组同向的向西南倾的断裂（图6-35），构成了一个向南下掉的调节带或变换带。这一时期北部凸起高耸，南侧为中部沉降区，调节带将北部物源的碎屑向南、相对远距离输送，而不是简单的滑塌重力作用。

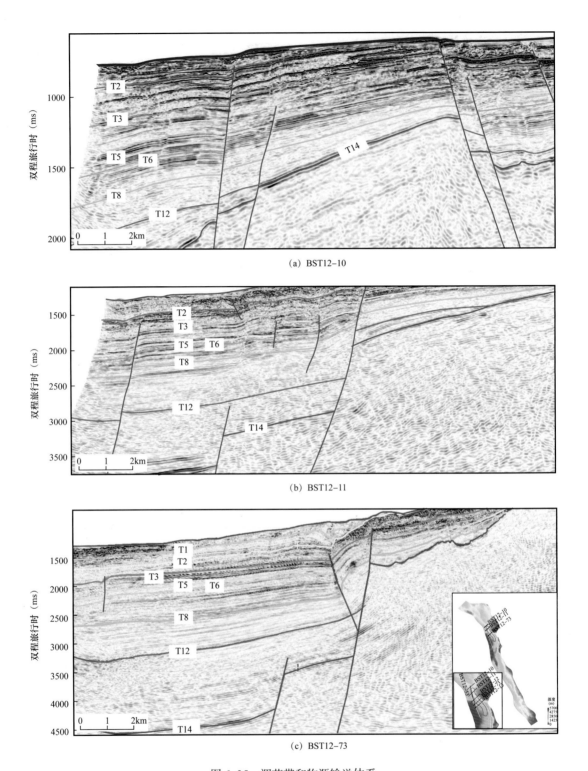

(a) BST12-10

(b) BST12-11

(c) BST12-73

图 6-35　调节带和物源输送体系

　　在联络测线上，可以看到系列的前积标志，这是调节带流体方向的最直接证据（图 6-36）。

　　这个调节带的物源作用在 T14—T12 沉积时期最为显著，之后随着北部凸起自东向西逐步发生水淹，物源作用逐渐减弱，调节带作用逐步减弱，在 T5 之后逐渐消失，T2 之后则完全失去作用。

其实，从陆域地貌（尤其湖畔地貌）来看，西部缓坡很可能也发育调节带，但因缺乏资料，目前无法开展工作。

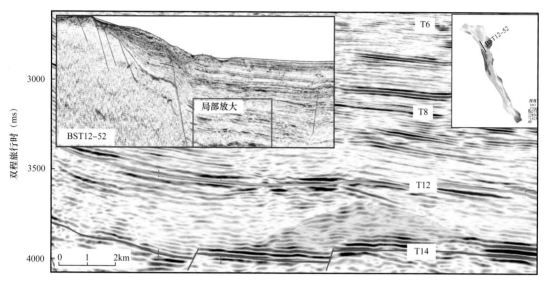

图 6-36　调节带和物源输送体系

4. 缓坡背景的长轴断控物源输送体系

1）正向、反向两种断裂体系

正向、反向断裂具有两种含义：其一是根据断裂倾向和缓坡倾向的关系，一致的称之为正向或同向断裂，相反的则称之为反向断裂；其二是相对于控盆主断裂而言，和控盆（控凹）主断裂倾向一致的称之为正向或同向断裂，相反的则称之为反向或异向断裂。本节采用第二种含义。

2）缓坡背景下的断控条带状洼槽

缓坡背景因正向、反向断裂的多种组合构成了地堑式、同向半地堑式、反向半地堑式等多种长条状、北西—南东向洼槽，这些洼槽在东高西低、南高北低的宏观背景下，起到了逐级汇聚流体作用，进入前文述及的"缓坡断槽"，最终输入至中部沉降区。

3）断裂对物源通道的控制作用

断裂活动控制了地貌，引导了流体体系。根据断裂组合样式，可分为反向半地堑式、正向半地堑式、正—反向地堑式三种基本样式，不同样式平面上可进行各种组合，进而形成更为复杂的长轴输送体系。

（1）正向半地堑式物源输送体系。

图 6-37 展示了两个平面错列并置半地堑的沉积面貌，其主控断裂东倾，为正向断裂，上盘具有独特沉积厚度和充填样式。

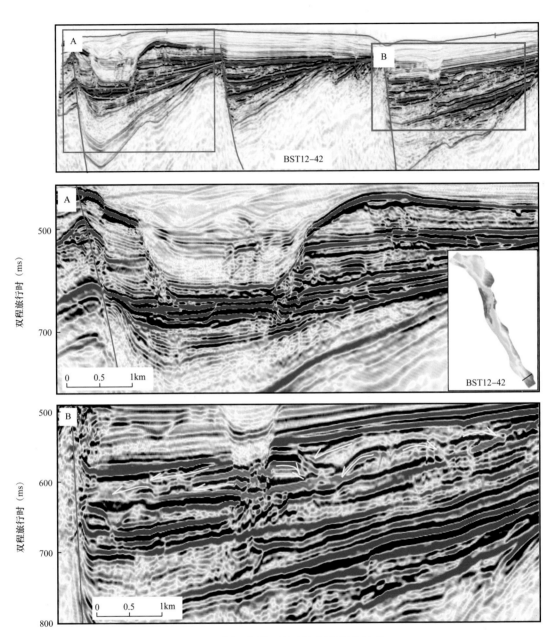

图 6-37　缓坡背景下断裂控制的复杂地貌

图 6-37 的 BST12-42 剖面显示，在总体楔状充填基础上，发育了若干大小不一的"下切谷—天然堤"体系，下切谷内部垂向叠置和侧向迁移很清楚，其两翼发育规模悬殊的天然堤序列。天然堤序列内翼陡峭，外翼缓缓下降，内部波状特征很清楚。A 展示了顺断裂下降盘下切并顺断裂走向发生流动的下切谷流体动力学过程。B 在同样楔状充填基础上，主要表现为多层次的双向下超接触关系，其间往往穿插有下切河道或下切谷反射结构，表明受控于断裂活动、顺断裂走向流动的规律。

（2）反向半地堑式物源输送体系。

图 6-38 展示了系列反向正断裂控制的缓坡地貌和沉积充填。断裂下降盘具有如下特

点：第一，沉积厚度大，且反射结构、构型完全不同于下盘；第二，毗邻断裂为下切谷充填，向外逐渐过渡为底平顶凸的透镜状充填，且其内部具有双向下超特点，往往还呈垂向叠置和侧向迁移的特点；第三，这种"下切谷—透镜体"的平面展布规律说明，断裂活动对流体活动中心的控制和流向的引导作用。

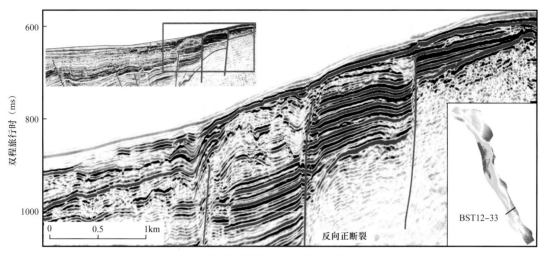

图 6-38　反向断裂控制的沉积面貌和地貌（BST12-33）

（3）正—反向地堑式物源输送体系。

图 6-39 表明了另一种断裂组合及其对沉积的控制。系列反向断裂组合形成了依次西倾下掉的反向断控输送体系，反向和正向断裂组合的地堑式以及其间下掉的下降盘碎屑流沉积，反映了地堑式地貌对流体的引导和输送作用。

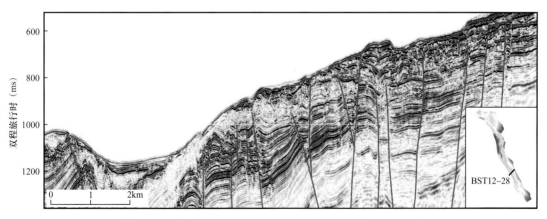

图 6-39　正—反向断裂控制的沉积面貌和地貌（BST12-28）

4）断控长轴物源输送模式

如前所述，缓坡地貌背景下的各种断裂组合组成了复杂地貌，即缓坡上发育了各种对称或不对称、北西—南东向、北北西—南南东向洼槽，它们引导、汇聚西部西南部而来的物源，逐级向西北方向输送，构成了洼槽地貌—物源输送体系模式，也就是研究区独特的断控长轴物源输送模式（图 6-40）。

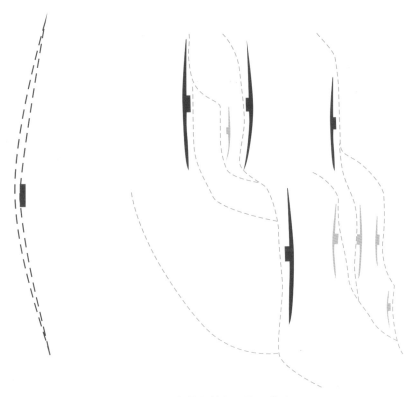

图 6-40　断控长轴物源输送模式

5．陡崖滑坡—滑塌的短轴物源输送体系

1）（扇）三角洲的滑坡滑塌的短轴物源输送体系

研究区东侧发育很多山间河流成因的扇三角洲，多发育大小不一、圈椅状外貌的滑塌地貌，往往具有多层次或台阶状特征，表明为滑坡滑塌的结果，这是扇三角洲上重力流作用的证据，也是典型的事件型滑坡滑塌成因、短轴输送的碎屑流机制（图 6-41）。

2）陆域山地强烈的滑坡机制

湖区周边陆地具有强烈频繁的滑坡机制，形成了顺湖畔展布的湖泊群，构成了指向湖泊的短轴、事件性输送体系，往往在湖盆内逐步转化为碎屑流，甚至浊流。

3）陡崖滑坡—滑塌的短轴物源输送体系

Tanganyika 湖盆周边山地发育大小不一的滑坡体，具有典型的滑坡地貌，且这些滑坡群往往成群成带发育，滑坡物质最终在事件性作用下，以碎屑流形式短轴输送至湖盆内。

Tanganyika 湖盆周边山地毗邻湖盆周边，陡峭地貌加上频繁发生的地震活动，导致发育了丰富而规模不一的滑坡现象，形成了典型的滑坡侵蚀 – 沉积地貌，构成了另外一种短轴输送体系（图 6-41）。

二、物源区的演化和作用

古地貌分析和地震反射特征研究表明，研究区发育两个物源区域，即北部凸起物源区和东部 Ufipa 高原物源区（简称为北部物源和东部物源），这两个物源区的地位不同、演化史不同、输送体系不同。

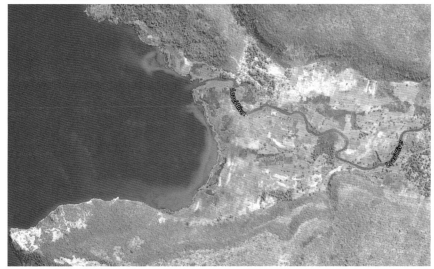

图 6-41 湖盆东侧扇三角洲上的滑坡机制和滑坡侵蚀—沉积地貌

1. 北部物源的演变

北部物源是隔绝研究区湖盆和北部湖盆的横向门槛,是 TRM 转换带扭压而形成的北西向高地。

在 SQ1(T14—T12)时期,北部物源区高耸于湖面之上,主要通过调节断裂和调节带向南部中部沉降区长轴输送碎屑,以及通过滑塌等短轴方式输送,为研究区重要物源。

T12 之后,湖盆统一演化,北部凸起的物源作用急剧减弱,表现为早期凸起逐渐被披覆和上超。T3 开始,尤其从 T2 之后,北部物源区大幅萎缩乃至消失,不再起到物源作用(图 6-14)。

2. 东部物源的演变

东部物源始终是研究区主要碎屑的提供者,但在不同区域所应用的输送体系有所不同。

在东部物源的中南部,碎屑物质以两种方式进入湖盆,即山地滑坡和扇三角洲滑坡体以短轴碎屑流方式输送进入湖盆,调节带或东南部以长轴断控方式进入湖盆。这两种方式输送的碎屑进入湖盆后，即开始受到一系列断控凹槽地貌的引导或控制，进而转变为长轴断控方式输送，长距离输送至北部的中部沉降—沉积区。

在东部物源的北部，呈陡崖地貌，碎屑以短轴滑塌碎屑流输送方式为主。

东部物源始终是研究区主导性物源提供者，在湖盆演化中始终占据主导地位，只不过在不同阶段，随地貌变化、断裂活动强度变化而有所调整。

第六节 沉积体系

一、沉积作用类型

1. 重力（流）体系

研究区具有活跃的重力流机制，陆地、湖畔、水下均有类型丰富的重力流活动，其中陆域山地和湖畔扇三角洲具有强烈频繁的滑坡机制，形成短轴输送体系。

图 6-18 展示了研究区浅层（T2 界面以上）发育了一个"滑动—滑塌—碎屑流"的演化序列。在斜坡地貌上，发育了一个北西—南东向的条带状区域，其内部可依据地震反射特征进一步细分为三个单元，即上坡方向的伸展域、下坡方向的挤压域和中间的过渡域，这三个单元为一个连续作用动力学过程。在相对平坦的盆地域发育了碎屑流沉积区，为东南方向、斜坡上的滑塌作用的演化结果，构成了一个完整的重力流作用过程。

1）碎屑流

研究区发育丰富的碎屑流沉积，在地震剖面上往往表现为杂乱、空白反射，且内部往往分布有零乱断续的强反射轴，整体上呈不对称透镜状，即下坡一翼逐渐减薄尖灭且过渡为浊流沉积，而上坡一翼则过渡为挤压域的逆断裂部分。碎屑流沉积体的底部往往参差不平，具有总体较弱、强度不一的底部冲刷特征，且具有系列双曲线反射特征或断续的强反射，为冲刷残余碎片状沉积层。碎屑流沉积向两翼和下游方向，厚度逐渐减薄，并向波状连续反射过渡，即过渡为漫溢沉积或浊流沉积。垂向上，碎屑流沉积往往和浊流或湖盆披覆沉积交互（图 6-42）。

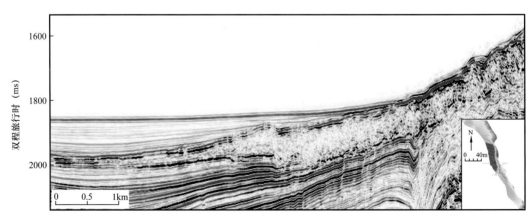

图 6-42 碎屑流沉积的地震特征（BST12-78）

2）浊流沉积

研究区浊流沉积集中分布在两个区位，即中部沉降—沉积区和缓坡断槽区。浊流沉积通常具有如下几方面特征：（1）地震构型表现为平缓的透镜体，内部反射轴在横向上下超或上超，纵向上为下超或前积；（2）表现为强而连续反射轴和弱反射轴的垂向交互；（3）往往和沟谷内充填并列出现，内部可出现多个彼此切割的下切河谷或沟谷；（4）横向上通常过渡为湖盆充填沉积；（5）平面上往往为扇状沉积体，且多个浊流沉积扇体垂向上错列叠置（图6-43）。

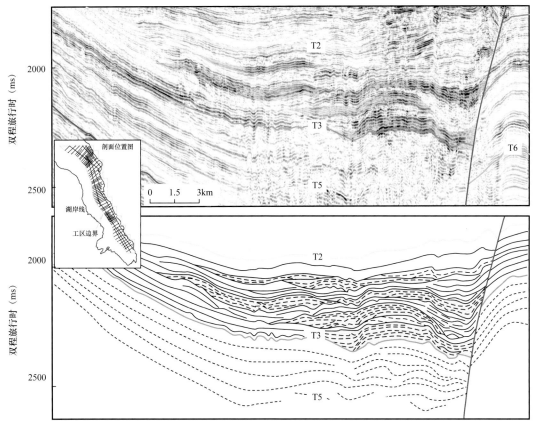

图6-43　浊流沉积的地震特征（BST12-53）

3）"滑塌—碎屑流—浊流"的有序演变

重力（流）是海洋深水环境主要沉积动力机制，是陆地和浅水陆架物质向深水输送的主要环节（Shepard等，1979），包括碎屑流、颗粒流、流化流、浊流等多种类型，它们的流态学机理的差异导致在侵蚀—沉积响应机理上存在很大不同，在深水这种特殊环境下产生两种效应：其一，不同的流体类型具有差异的沉积颗粒支撑机理、不同的卸载方式，进而形成差异很大的沉积单元迁移和叠加型式，最终控制着深水粗粒沉积体的平面展布和垂向叠置；其二，不同类型的重力流类型往往相伴出现，有序转化，它们之间存在着流态的转变，这种转变和其背景控制因素进而控制着深水环境各种成因的重力流沉积体系的时空分布格局。

从重力流流体流态演变来看，大多数情况下是从滑动滑塌块体流开始，周边水体逐渐裹携卷入，演变为流体流，如碎屑流，如继续演化或遭遇流体转变门槛，则转变为浊流。研究区就存在这种演变关系。

图6-19表明在缓坡坡折部位发育了一个北北西—南南东向的滑塌—滑塌区域，一个北北西—南南东向的碎屑流区域。其中前者内部可进一步细分为上坡方向的伸展域、中部过渡域和下部的挤压域，伸展域发育了铲式正断裂，断坪上部地层发生了旋转褶皱，地貌上表现为向形；挤压域以逆冲断裂为特色，其上地层形成了双重构造（图6-19）。伸展域和挤压域是一个连续作用过程，中间存在过渡域。

从图6-19中A可以看出，挤压域下部突变为弱而杂乱的反射，界面分明，说明二者不是一个连续变化过程，很可能是两个事件或两期事件的侧向叠置。

图6-19中B的T1界面上发育了一个透镜状碎屑流沉积，其两翼均突变为披覆沉积或浊流沉积，似乎没有根源。然而从区域上（图6-19中C）看，"滑塌—滑塌区"和"碎屑流区"为连续演变的序列，说明它们其实是斜向的输送体系，是一种受控于地貌和断裂活动的斜向演变序列。

2. 牵引流体系

1）长轴三角洲上的河流体系

牵引流又分为两种：其一是三角洲，即早期浅水环境的三角洲沉积，此处不再赘述；其二是后期深水环境的特殊背景下发育的等深流沉积。

2）深湖中的等深流体系

等深流这一概念最初萌芽于德国海洋物理学家 Wust，其于1955年重新计算了地转速度；Swallow 和 Worthington（1957）证明了西边界潜流流速很高；Stommel（1958）提出深海循环的概念。Heezen（1959）吸收了这些观点，认为"深海波痕和底床刻槽一定为和大洋总体循环有关的海流作用的结果"。Hollister 证实，在 Wust 预测的、具有强烈深海流动的部位的确发现了海流形成的地形（Heezen 和 Hollister，1964）。

等深流活动是全球温盐循环的表现，具有三个主要源头：南极、北极和地中海，因而高纬度的北大西洋、环南极深水区域及毗邻直布罗陀海峡出口的 Cadiz 海湾是研究深水等深流及等深流沉积体系的三个热点地区。而中低纬度地区的等深流状况逐渐引起业界的注意，譬如 ODP182 航次主要研究澳大利亚南部大陆边缘冷水碳酸盐岩，将中纬度碳酸盐岩大陆边缘古海洋学列为六大基本科学目标之一。此外，在巨大湖泊内，也存在有等深流活动和相应沉积体系，Ceramicola 等（2001）在贝加尔湖内的构造高地（该高地高出周围湖床 $600 \sim 1000m$）上识别出等深流漂积体系列，它们是处于高纬度的贝加尔湖结融冰的温盐循环的结果。

地震记录是识别等深流沉积体系、将其与重力流沉积体系区分的最有效手段（Faugères 等，1999；Maldonado 等，2000；Bergman，2005），建立这种识别标准是古海洋学和沉积环境解释的关键（Maldonado 等，2000）。近年来，新环境、新动力学成因的新等深流沉积类型不断涌现。Laberg 等（2001）基于挪威海漂积体的研究，提出了"充填性漂积体"；Maldonado 等（2000）在南极北威德尔海的中新世以来的地层内识别出完整的等深积岩漂积体系列，识别了几种新的漂积体类型：横向漂积体，基底/构造漂积体和堤坝漂积体；Cermaicol 等（2001）提出了"断裂相关漂积体"；Michels 等（2001）提出了"水道—堤坝型漂积体"；Stow 等（2002）针对深水等深流对陆坡扇和深海扇的影响，提出了"移变的扇漂积体"（modified fan-drift）类型；Faugères 等（2002）在巴西深水海域识别出和纵向水道有关的所谓"扇漂积体"（图 6-44）。

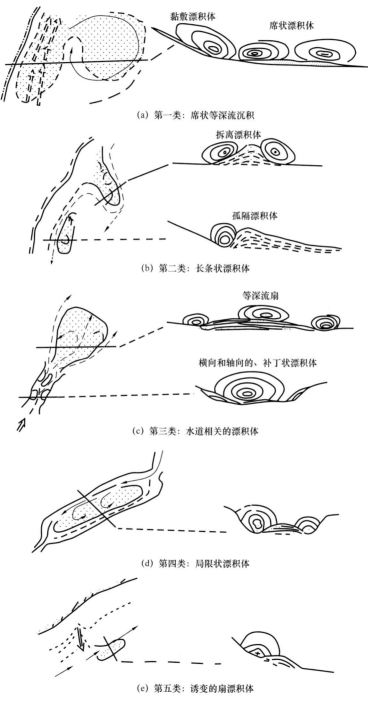

图 6-44　等深流漂积体的形成模式和识别标志（据 Stow 等，2002）

（1）典型的等深流沉积。

典型的等深流发育在相对陡峭的斜坡，大致顺等深线展布，具有向上坡方向前积、向流动方向前积的特点。且往往在上坡方向发育平行于等深线的沟谷，该沟谷是等深流活动的核心，速度最快，强度最大，所以往往具有一定的侵蚀能力。

图6-45展示了研究区较为典型的等深流沉积特征（剖面BST12-19），T2界面之上，一个东厚西薄的弱反射特征的楔状沉积体，代表了早期碎屑流沉积，由西南指向东北方向；其顶界面突变为等深流沉积，呈现一系列的向楔状体逐层前积披覆的特点，由西向东逐渐前积，二者之间的界面突变截然，之间为跨时面。

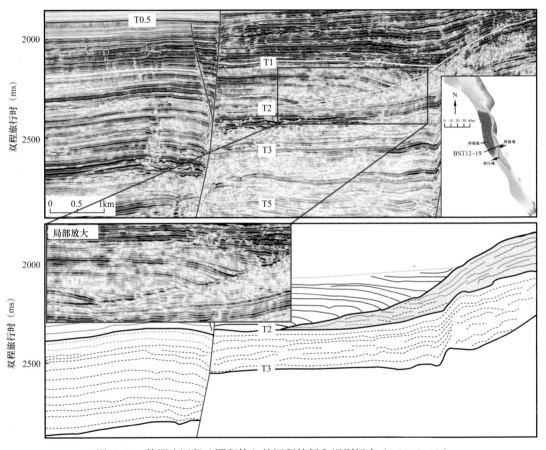

图6-45 等深流沉积（漂积体）的沉积特征和识别标志（BST12-19）

剖面BST12-19的局部放大显示，清楚表明其具有弱侵蚀冲刷的沟谷特点，沟谷和翼侧的等深流呈同步迁移关系。

图6-46展示了与BST12-19相邻具有典型的等深流沉积的地震剖面特征（BST12-91），以跨时面为界，下伏湖相浊流漫溢沉积和上部等深流沉积界面截然，等深流沉积的向上坡方向前积特征突出。

同样，BST12-18剖面（图6-47）以跨时面为界，下伏湖相浊流漫溢沉积和上部等深流沉积界面截然，等深流沉积向上坡方向前积特征突出。

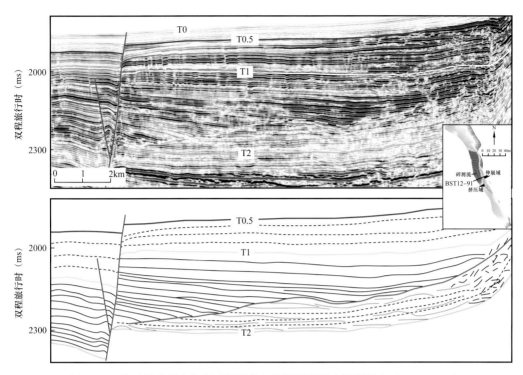

图 6-46　典型的等深流沉积（漂积体）的沉积特征和识别标志（BST12-91）

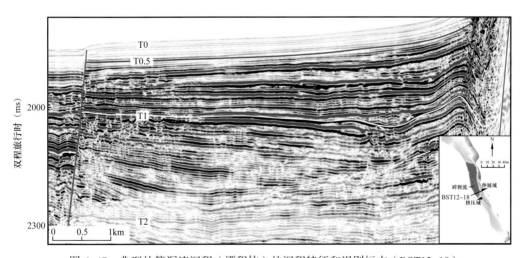

图 6-47　典型的等深流沉积（漂积体）的沉积特征和识别标志（BST12-18）

（2）不典型的等深流沉积。

图 6-48 特征与上述剖面不同，尽管可以隐约识别出等深流沉积效应，但特征并不典型：① 等深流沉积和下伏沉积界面不清晰；② 等深流前积特征比较模糊；③ 其下部和东部均发育了很多典型的指向下部的杂乱前积特征。结合东部陡崖的滑坡地貌可以判别，这一区域频繁发生滑坡体成因碎屑流，正是因为这一位置周期性发育碎屑流，从而淹没了等深流的沉积效应。

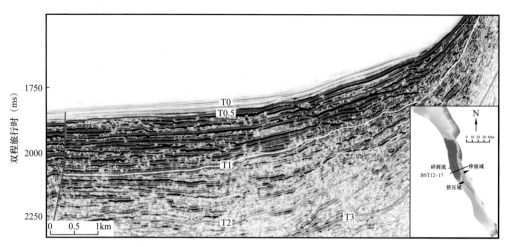

图 6-48　不典型的等深流沉积（漂积体）的沉积特征和识别标志（BST12-17）

上述这些剖面都是横切等深流沉积，以向上坡方向前积、沟谷—等深流沉积的横向匹配为特色。在顺等深流流向或斜交方向上，反射特征则有所不同。图 6-49 展示了顺等深流方向的剖面特征（BST12-53）：① 在 T2—T1 段内，北部强而连续的反射和南部弱反射界面截然，反映了相变的剧烈性，前者是等深流沉积的反射特征，其强而连续的反射、多层次的前积特征代表了等深流的运动方向及其具有一定的淘洗能力；后者为来源于东南部的浊流在此处发生漫溢的细粒沉积，显然沉积物分选能力较等深流差一些。② 等深流沉积内部发育了很多指向西南的前积。

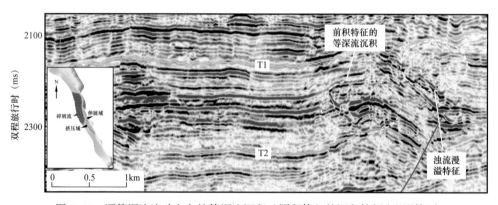

图 6-49　顺等深流流动方向的等深流沉积（漂积体）的沉积特征和识别标志

平面上，这一等深流沉积体分布面积可达约 248km²，可进一步划分为三个组成部分，即北部、中部和南部。其中，北部和南部单元的等深流作用特征均较为突出，沉积现象典型，主要是由于其东侧为陡崖，没有发生强烈的滑塌碎屑流作用，等深流特征并未被重力流所湮没；而中间部分的等深流特征不典型，该部分的东侧陡崖呈现典型滑坡地貌特征，说明该处频繁发生滑坡导致的碎屑流（沉积体内指向西部的杂乱前积特征）部分淹没了等深流效应，使得等深流特征不太典型。

图 6-50 清晰表明了等深流沉积内部差异性的成因。北部的 BST12-16 和南部的 BST12-19 均具有典型等深流沉积特征，其东部陡崖清晰截然，没有滑坡滑塌痕迹，对应

的陡崖下部地层也没有频繁的周期性碎屑流作用。而中间的 BST12-17 则不然，其东部陡崖明显具有滑坡面，对应下部则为多期的碎屑流作用，湮没了等深流效应，因而导致其等深流特征不典型。

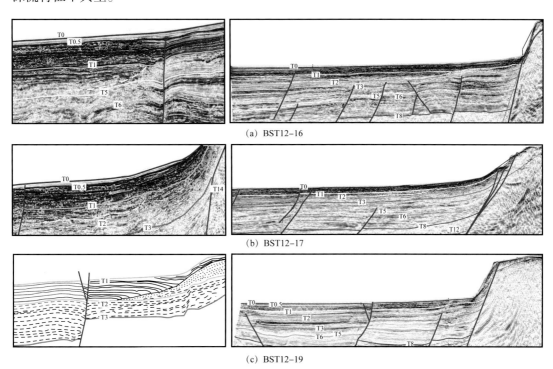

(a) BST12-16

(b) BST12-17

(c) BST12-19

图 6-50　等深流沉积的差异性对比和分析

综上，可以推断 T2—T1 时期研究区的沉积模式。南部为断控长轴物源输送，指向中部沉降区。此时北部物源已完全失去物源作用，在 Roller 等（2010）提出的 1.85Ma 年发生的气候变化下，等深流启动，东侧陡崖则提供了等深流加强环境，东部物源的凸出点则屏蔽了南部而来的长轴物源，使得该环境得以不受碎屑流和浊流的影响，而形成等深流，仅在局部受滑塌碎屑流的干扰。

二、沉积体系类型

研究区发育短轴扇三角洲体系、断控长轴物源输送体系、短轴滑塌体系和水道—浊积扇体系等，它们受控于构造运动演化史以及由此形成的物源区和湖盆区地貌特征。

1. 短轴（扇）三角洲体系

研究区东部和南部湖畔区域发育很多扇三角洲体系，其上游方向往往为逶迤而来的各类型河流，在湖畔陆域形成了略微向湖凸出的沉积形态，在滨湖区域的陆地和水下，往往可以看到多个阶梯状依次下掉的阶地，而在水下，可以看到很多凹向陆域的洼槽区，表现为滑坡导致的地貌，而滑坡体的沉积物则呈现出短轴碎屑流输送特征。

2. 断控长轴物源输送体系

由物源分析可知，东部 Ufipa 高原是研究区主要物源，其陆源碎屑主要是通过断控长轴输送体系进行搬运的（图 6-51）。下面以 T2 界面之上的两个长轴输送体系展开说明。

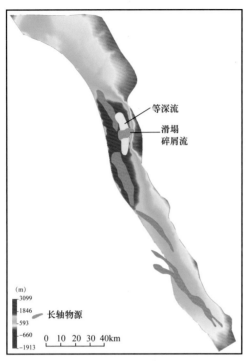

(a) T0时间域构造图及长轴物源体系

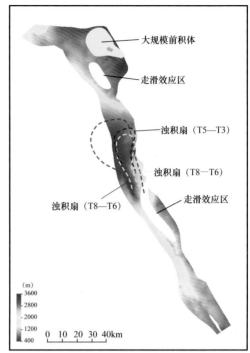

(b) T3时间域构造图及长轴物源体系

图 6-51　研究区中南部 T3 之上断控沟谷碎屑流体系

　　图 6-52 缩略图中展示了一个现今仍在活动、北西—南东方向、指向西北方向中部沉降区的条带状凹槽，结合平面和剖面来看，该凹槽明显受控于断裂，是一个断裂活动成因的紧邻断裂下降盘的洼地。两条剖面的中部均为断控凹槽。剖面上，凹槽中心均为杂乱碎屑流沉积，双曲线反射、强弱混杂错乱等特征突出（图 6-52）。

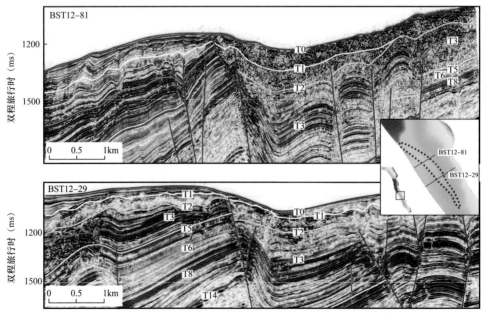

图 6-52　中南部的断控长轴输送体系（一）

图 6-53 表明，在 T2 反射轴之上存在另一个断裂控制的长轴碎屑流体系。可见，在一系列北东—南西向剖面上，在同一个断裂的上盘，均形成了一个典型碎屑流沉积体，表现在杂乱反射、强弱交替、底平顶凸、略有冲刷的混杂堆积，为碎屑流沉积，是典型的断裂控制。平面上看，这些碎屑流沉积形成了北西—南东向、断裂下降盘展布的条带状，是顺断裂形成的条带状洼槽地貌并向西北流动的长轴输送体系。

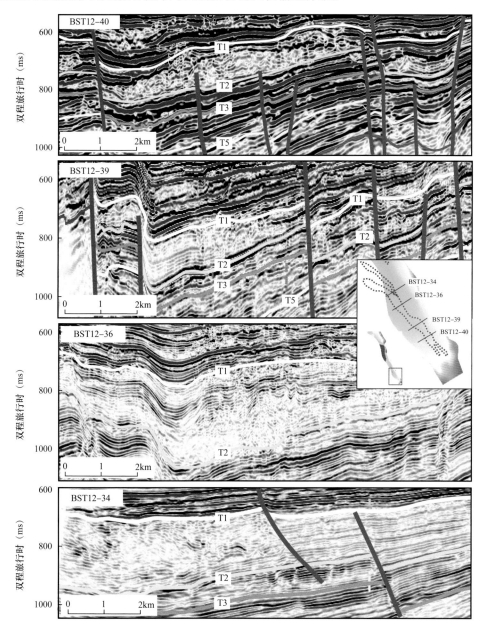

图 6-53　中南部的断控长轴输送体系（二）

3. 短轴滑塌输送体系

短轴滑塌输送体系分布于工区北部、中部沉降区东侧陡崖一侧，为陡崖周期性滑坡后短距离搬运沉积的产物，往往表现为指向西部的楔状碎屑流沉积。

图 6-42 和图 6-48 展示了斜坡部位多期次的铲状滑坡面和滑坡面之上滑塌体的反射特征。滑坡面为铲状，不同期次滑坡面可以平行，也可以彼此交切；滑塌体表现为顶面凹凸，双曲线反射，滑坡体趾部为楔状碎屑流沉积的叠置。

4. 水道—浊积扇体系

图 6-52（b）为三个层位的浊积扇体系，均发育于中部沉降区，其中 T2—T3 层位面积最大，可达 759km²，前两者展布较小，为 350～400km²。这些浊积扇均接受来自东南部的长轴断控输送体系的碎屑物质，因而为相对远源体系，沉积的粗粒浊积扇体系具有典型的深湖扇特征，物性较好。

图 6-54 展示了 T3—T2 层位的水道—浊积扇体系，其为透镜状沉积体系，双向下超，中部有水道充填、强反射等地震特征。

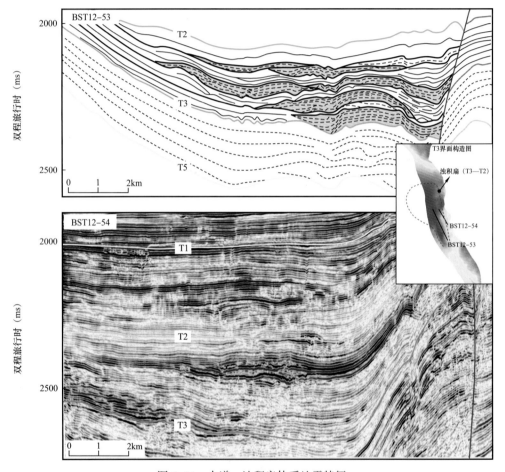

图 6-54　水道—浊积扇体系地震特征

三、碎屑输送体系

在上述认识基础上，编制了各个三级层序的断裂体系、物源通道和厚度的叠加图。说明断裂体系和物源通道具有紧密的成因关系，断裂形成一系列整体北西—南东向的凹槽，从而构成了引导碎屑物源而来进行输送的地貌格局，是典型的断裂控制形成地貌、地貌构成通道的实例。

　　SQ1 时期（图 6-55），断裂体系呈"S"形，为北北西—北西—南东向，控制了厚度变化。该时期具有两个物源，其中东部 Ufipa 高原为主要物源，形成的碎屑通过缓坡背景的断控凹槽向西北输送，其通道为断裂控制，中央沉积区是最终归宿，而缓坡断槽为重要节点。北部凸起物源影响范围有限，通过调节带和滑坡短距离输送至中部沉降区。可见，来自东部 Ufipa 高原物源区域的碎屑物质在进入湖盆后，以断控长轴输送体系向西北方向的中部沉降—沉积区域输送碎屑，而缓坡上的系列条带状凹槽是过路作用形成的，而缓坡断槽区域既是过路区，也是沉积区域。

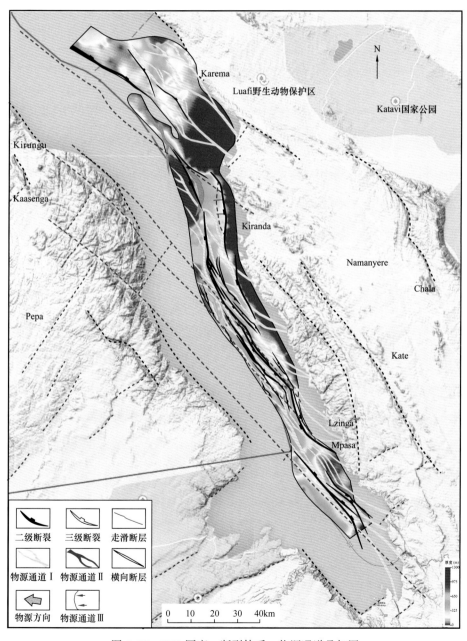

图 6-55　SQ1 厚度—断裂体系—物源通道叠加图

采用这种思路，研究了其他层位物源体系，均受控于持续活动的断裂体系，尤其是二级断裂。T12—T8时期，研究区存在两个物源和三种输送体系，东部物源通过长轴断控输送体系输送至缓坡断槽，最终输送至中部沉降区。东部物源的北部为陡崖，以滑坡式短轴输送为主。北部凸起物源依然存在，短距离输送至中部沉降区（图6-56a）。

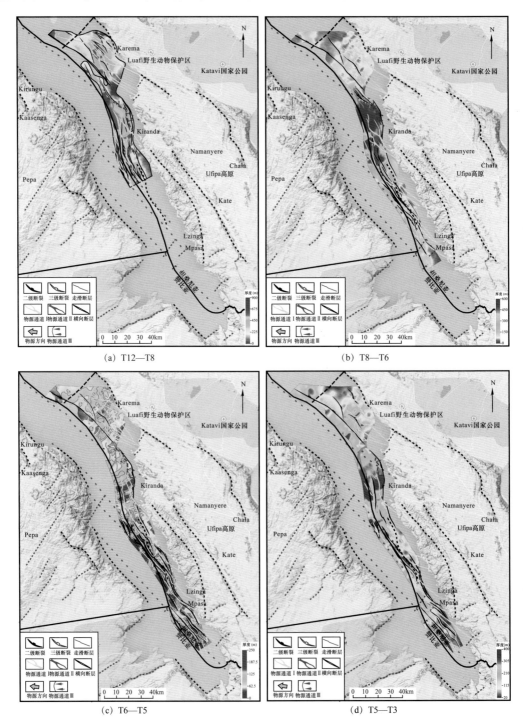

(a) T12—T8

(b) T8—T6

(c) T6—T5

(d) T5—T3

图6-56　上部各层系厚度—断裂体系—物源通道叠加图

T8—T6 时期，研究区依然存在两个物源和三种输送体系，东部物源通过长轴断控输送体系输送至缓坡断槽，最终输送至中部沉降区。东部物源的北部为陡崖，以滑坡式短轴输送为主。北部凸起的物源作用大幅减弱，但依然存在，短距离输送至中部沉降区（图 6-56b）。

T6—T5 时期，继承了前期格局（图 6-56c）。

T5—T3 时期，北部物源基本消失殆尽，研究区以两种物源数体系为主（图 6-56d）。

第七节　盆地基本石油地质条件

一、沉积环境背景分析

与 Abertine 等地堑有所不同，Tanganyika 裂谷属于典型的半地堑，其由不同的次级半地堑相连组成，各半地堑与裂陷的轴向走向相同。裂谷肩部隆起幅度大，有些甚至要比湖面高 2000m，这种陡峭的边界断层导致形成深水湖盆（>1200m），湖岸的宽度较小，通常只有几千米。

相对窄而深的湖盆对边缘沉积层序的发育具有十分重要的控制作用。与 Turkana 等其他裂谷湖泊相比，Tanganyika 裂谷的边缘十分陡峭，而湖水的深度较大，湖滩出露面积小。较大幅度湖平面的变化只能使湖滩面积发生少量变化（图 6-57）。细粒湖相沉积物并不是现今湖岸的沉积层序，湖岸沉积物具有比较复杂的结构（Frostick 和 Reid，1990）。研究表明，Tanganyika 的缺氧带深度大致为 150～250m，而现今的水深最大可达到 1470m。结合盆地沉积史、沉降史及地震剖面特征的分析研究，估计 Tanganyika 湖在历史中曾长期处于深水缺氧环境，总体对富有机质沉积物的形成非常有利。

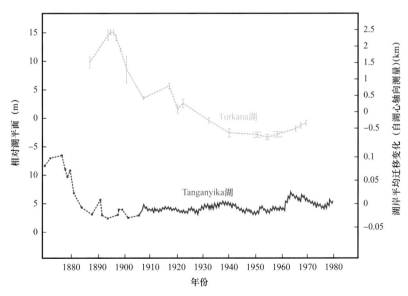

图 6-57　Tanganyika 湖及 Turkana 湖湖平面变化与湖岸迁移距离对比图（据 Cohen，1989）

Tanganyika湖近现代沉积比较复杂，50～150m的浅层主要由灰绿色—黑色富含生物化石的泥岩构成。分选较差的陆相砂岩主要沿湖岸分布，这些砂体在湖岸陡坡普遍发育，其主要以河道浊流体和陡崖颗粒流的形式体现。碳酸盐岩与碎屑岩的混积发生在台地边缘和三角洲环境，这些分选较差的薄层砂岩平面的形状并不规则（Cohen，1989）。

地震剖面反射特征的分析已经在东非裂谷盆地中得到了比较广泛的应用。例如，Talbot等（2004）用地震反射特征来识别Turkana盆地的烃源岩分布；Karp等（2012）用地震反射特征实现了对Albertine地堑的地层刻画；Flannery和Rosendahl（1990）从剖面反射特征确定了Malawi裂谷不同层段的大体岩性类型。总体看来，泥岩层通常具有连续反射、强振幅、平行反射的特征，粗粒碎屑地震反射不连续、振幅较弱。

根据Contreras和Scholz（2001）对Tanganyika裂谷北部Kigoma地质区的地震剖面反射特征进行分析，认为在裂谷发育的初期阶段，总体处于浅水环境，以河流相、浅湖相为主，下部层系以粗粒碎屑岩为主。随着裂谷的不断发展，沉降速率逐渐增大，水体深度不断增加，上部层系以泥岩为主，仅在局部部位发育粗粒碎屑岩。

在Turkana盆地和Malawi裂谷盆地中，沉积层序最底部都是相对粗粒的沉积，其主要形成于裂谷发育的早期，砂岩之上发育富含有机质的湖相泥岩。Tanganyika裂谷与这两个裂谷非常相似，同为典型的半地堑结构，边界断层控制作用强，且边界断层与地层的接触角度都比较陡直。类比Turkana裂谷和Malawi裂谷，再结合裂谷盆地的发育特征，认为Tanganyika裂谷形成的早期，应当以河流相、浅湖相为主，随着裂谷阶段的不断发展，裂谷肩部不断隆升，边界断层上盘不断下降，沉降速率已经远大于沉积速率，此时将主要以细粒沉积物为主，中间夹部分呈透镜体或席状的砂岩层。

考虑到东非地区气候变化的波动性，经常会出现干旱气候与湿润性气候的交替变换，因此在靠近边界断层处，湖岸陡峭，气候变化引起的湖滩变化面积小，加之从陡岸入湖的沉积物源相对有限，气候波动变化对陡岸沉积物的影响有限。但在裂谷的斜坡部位，湖水低位期经常会形成侵蚀谷地和河道沉积，并形成低位三角洲和近岸砂体，且低位三角洲通常规模较大，这些砂体都可以成为良好的储层。在高位期形成的细粒沉积物可以充当良好的盖层和烃源岩层。

二、烃源岩沉积环境与发育特征

从整体来看，巨量的碎屑物质供应主要集中于Tanganyika湖北部，Ruzizi河为北部主要物源供给水系，其余次要河流主要从湖两岸不同位置的陡崖流入。此外，相对较慢的深水沉积速度（0.4～0.5mm/a）和持久恒定的深水缺氧环境使得有机质丰富的泥岩在盆地内大面积分布（TOC：1%～13%）（图6-58）（Frostick和Reid，1990）。从图6-58中可以看出，Tanganyika裂谷北部Ruzizi地质区表层沉积物的TOC含量普遍超过3.0%，局部地区超过6.0%，而TOC小于3.0%的分布范围相对较小。盆地北部的水深要比盆地中部小很多，因此可以推断，在盆地中部水深更大一些的区域内，表层沉积物的TOC含量将会更高。

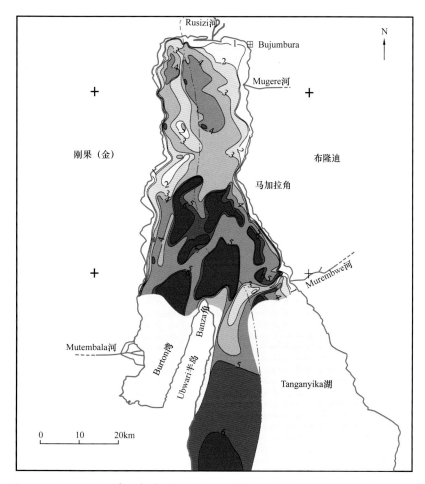

图 6-58　Tanganyika 湖北部浅层沉积 TOC 分布图（单位：%）（据 Huc 等，1990）

Allen 等（2010）对从 Tanganyika 湖中采集的样品进行了相应的分析，采集的样品总长度为 86cm，采样点水深为 106m。样品的岩性、磁化率、含水量、有机质含量、总有机碳含量（TOC）、总无机碳含量（TIC）和粒度等数据如图 6-59 所示。

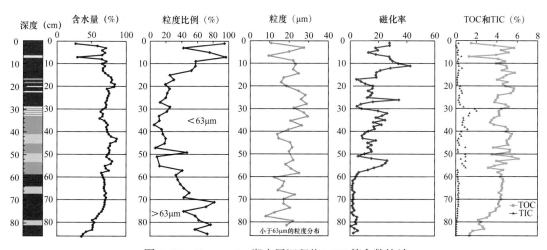

图 6-59　Tanganyika 湖表层沉积物 TOC 等参数统计

整块岩心的 TOC 含量介于 1.3%～6.1%（图 6-59），总体有机质含量高。1～10cm 之间，出现了两个异常低点，其值分别为 1.3% 和 1.5%；10～20cm，TOC 波动不大，介于4.0%～5.8%；20～40cm，TOC 出现了两个峰值变化，最小值为 3.8%，最大值为 5.7%；38～46cm 之间，TOC 变化稳定，介于 4.9%～5.5%。自 46cm 之后，TOC 含量来回出现波动，间隔大致为 1～2cm；自 59cm 之后，TOC 呈逐渐减小态势，至岩心底部 86cm 处，已经减小至 1%。

地震剖面和沉积历史分析表明，现今应当处于水深较大的时期，推测盆地内泥质烃源岩发育应与浅层的情况类似，TOC 含量较高。同时，由于裂谷的北部有 Ruzizi 河注入，属于较浅的部位，沉积盖层的厚度也较小，主要细粒物质应输送至南部更远的深盆处，因此推断，盆地中部烃源岩有机质含量将会更高。

从 Tanganyika 裂谷现今埋藏深度 T0 图可以看出，沉积盖层厚度最大的区域位于盆地中部和南部，T0 深度均已超过 5.5s，是烃源岩发育的最有利区域，沉积盖层厚度大于 2s 的范围约占盆地总面积的 50% 以上（图 6-60），完全可满足烃源岩大面积成熟生烃的要求。

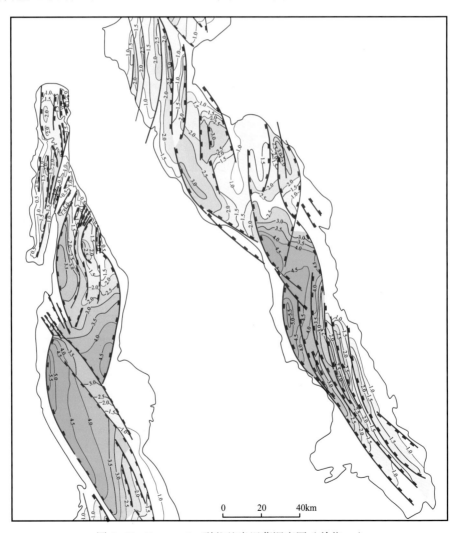

图 6-60　Tanganyika 裂谷基岩埋藏深度图（单位：s）

2008 年，Google Earth 显示，在湖北部存在大面积分布的油膜（图 6-61），可能是 2006 年 7 月的地震引发导致油膜的存在，此外在地震剖面上，可观察到明显的强振幅异常特征，推测是由于气顶引起的"假下拉"现象（图 6-62），油膜和地震反射异常显示，表明盆地内烃源岩已经成熟生烃并向外排驱。

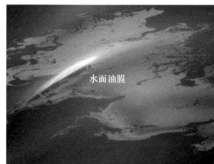

图 6-61　Tanganyika 裂谷湖面油苗

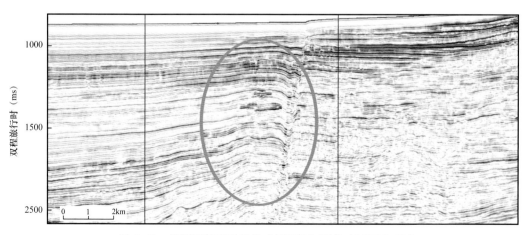

图 6-62　推测因气顶引起的"假下拉"现象（BST12-90）

三、储层发育情况

1. 砂岩储层

除沿台地斜坡外，Tanganyika 湖内陡峭的地形形成的深水—滨湖带一般都比较狭窄，Tanganyika 湖沿着湖岸至湖滨 5km 距离内的坡度大致为 8.5°（±9.7%）。在 Tanganyika 窄而深的湖泊内，由于湖平面变化引起湖岸暴露面积变化小（图 6-63），因此湖岸砂体受到的改造作用弱，分选较好的砂体分布也就相对比较有限（Frostick 和 Reid，1990），三角洲的分布范围面积较小。

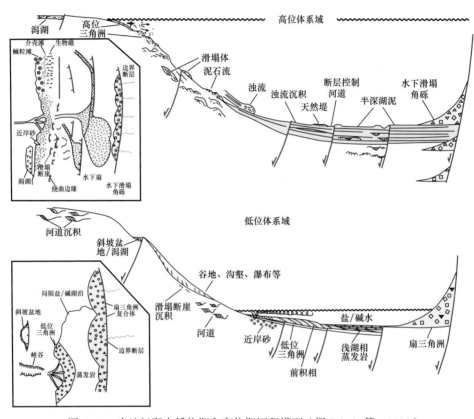

图 6-63　半地堑湖水低位期和高位期沉积模型（据 Scholz 等，1990）

Scholz 等（1990）通过对 Malawi 和 Tanganyika 裂谷地震剖面的分析，在浅层识别出了一系列粗粒沉积体，这些沉积体通常发育于半地堑的特定部位。以砂体为主的沉积包含水下河道和小型的潜流复合体，河道系统从大型侵蚀河道至深水浊流河道—天然堤系统都有发育，其体积很大，可发育于所有水深范围内。在湖水的高位期和低位期，轴向河流与斜坡河流都可形成粗粒三角洲砂体。在湖水低位期，扇三角洲沿主要边界断层发育；水下坡积扇主要发育于湖水高位期，沿边界断层发育（图 6-63）。低位期三角洲是 Tanganyika 和 Malawi 裂谷盆地内保存最好的进积相。

在高位期内，沉积于盆地深部的粗粒组主要为浊流和水道沉积。在陡峭的斜坡，粗粒沉积体主要形成于滑塌、坡积作用的碎屑流（图 6-63）。在某些情况下，这些重力流有些可能会转化成浊流，其将碎屑携带至深盆平原。同时，沿着边界断层的碎屑流和崩落产物会形成水下粗粒沉积物堆积。受盆地坡度影响，除从浅水台地入湖的三角洲外，一般来讲，其他进入湖泊的河流通常三角洲发育的规模不大。从台地区入湖的河流可形成进积三角洲，但这些三角洲保存条件一般，有可能在湖水低位期被侵蚀。

在湖水的低位期，粗粒组分主要沉积于盆地边缘的河道（图 6-63），紧邻边界断层形成扇三角洲，进积入湖的三角洲明显规模变小，但这种低位期的三角洲一般不会遭受侵蚀作用，具有最好的保存潜力。近岸砂体在裂谷发育任何阶段都可能发育，但半地堑的边缘经常遭受严重的侵蚀，这些近岸砂体的保存潜力不确定。在湖水处于非常低水位的条件下，Tanganyika 和 Malawi 湖会形成盐/碱水环境，沉积蒸发岩，而这些蒸发岩已经在 Rukwa 地堑等地区有发现的报道（Kilembe 和 Rosendahl，1992）。

Tanganyika 裂谷深部主要由有机质含量较高的泥岩组成（图 6-64）。陡峭的湖岸、断层逃逸构造、沿台地边缘与裂谷轴向边缘的斜坡促进了砂体输送到深水环境。碎屑物质输送到盆地内的总量受盆地古地形的严格限制，沿着边界断层的沉积发育程度低，总体上净砂岩的比例较低（Cohen，1989）。

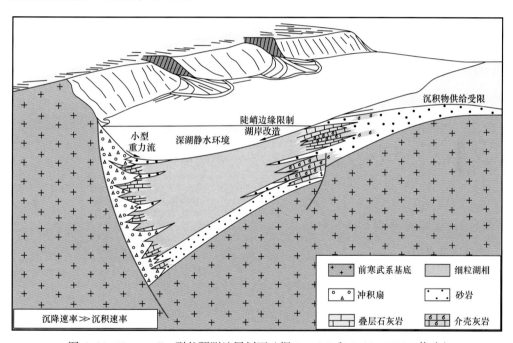

图 6-64　Tanganyika 裂谷预测地层剖面（据 Frostick 和 Reid，1990，修改）

厚层、以石英为主、分选较差的浊积砂体通常作为夹层出现在 Tanganyika 裂谷盆地的湖相沉积中，在深水部位也通常出现一些延伸数千米、分选较好的砂体。尽管尚不能清楚刻画这些纯净砂岩的展布范围，但它们与水下浊流之间的关系和海洋环境下浊流的沉积有一些相似性（Cohen，1989）。

2. 碳酸盐岩

Tanganyika 裂谷与 Turkana、Albertine 其他裂谷的显著区别之一是其碳酸盐岩（Cohen 和 Gevirtzman，1986；Cohen 和 Thouin，1987）。这一点可以在很大程度上弥补由于碎屑物质入湖太少而引发的储层问题。近岸的碳酸盐沉积物也可能成为较好的储层，但是其分布主要受限于陡峭的湖底坡度，湖底坡度控制了局部沉积环境（Frostick 和 Reid，1990）（图 6-65）。

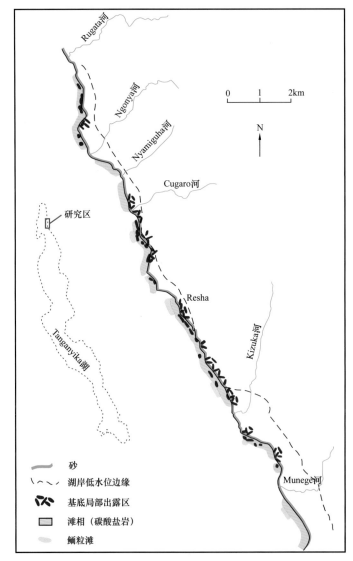

图 6-65　Tanganyika 湖北部 Resha、Burundi 地区湖岸沉积相分布（据 Cohen，1989）

小型浊积扇边缘的滨湖沉积物通常为未胶结的砂岩和粉砂岩，砂岩的胶结作用通常被限定在常年水流 150m 之外。碳酸盐岩颗粒（鲕粒滩和核形石）出现的空间更加限定。这些沉积物都出现在湖岸之外 700m 的持久性河流的出水口附近。碳酸盐岩、微生物礁在沉积物供给不足时很发育，其主要分布于湖岸邻近地区（图 6-65），而此处细粒的碎屑岩沉积物基本不发育。

腹足类碎屑砂岩和它们被风化的产物在坦桑尼亚 Malagarasi 三角洲南部和北部大量出现，此外还出现在 Halembe 南部、坦桑尼亚和喀麦隆湾、赞比亚，推断其为现代沉积物穿越近海台地时的过路沉积物。生物介壳可能代表湖面下降事件，这些地区碎屑岩供给在此时应当非常少。

四、盆地热流

由于东非裂谷盆地的沉降速度相对较快，热流值变化较大，但总体全区热流值较高（图6-66），对有机质转化为烃类比较有利。从 Tanganyika 裂谷周边的热流值分布来看（Lysak，1992），绝大部分地区热流值介于 $50 \sim 75 \mathrm{mW/m^2}$，在盆地中部，存在局部热流高点，其值介于 $75 \sim 100 \mathrm{mW/m^2}$。盆地中部和北部温泉和大于4级的地震非常密集，表明此处地壳处于相对不稳定阶段，与这些地区热流值较高的事实相对应。盆地南端由于缺乏测点数据，热流值尚不是十分明确，但总体而言，盆地及周边地区热流值较高，对烃源岩生烃转化非常有利。

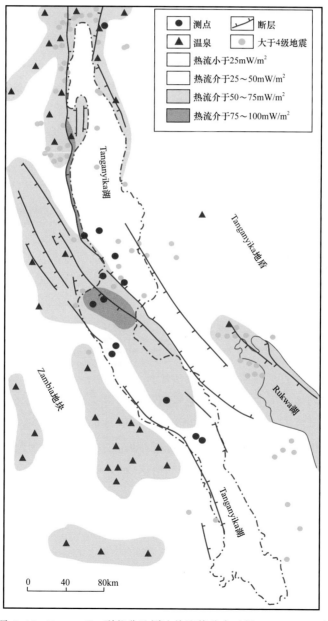

图 6-66　Tanganyika 裂谷盆地周边热流值分布（据 Lysak，1992）

第八节　油气成藏条件与勘探潜力

一、油气成藏条件

1. 新生界厚度大、热流值高，可深埋生烃

Tanganyika 裂谷虽然发育时间较短，但沉积速率总体较高，盆地内沉积了较厚的新生界，最大沉积厚度超过 5.5s（超过 8km），绝大部分区域内沉积盖层厚度超过 4km，加上该区热流值较高，估算地温梯度将超过 3.0℃ /100m。Albertine 地堑内的生油窗顶为 2500m，地温梯度为 2.45℃ /100m，Tanganyika 裂谷地温梯度更高，估计生油窗顶在 2300m 左右，在大部分地区，盆地中下部烃源岩埋深已经达到成熟生烃阶段。

2. 烃源岩纵向发育层段多，平面分布广

此外，Tanganyika 湖浅层沉积物的取样分析表明，TOC 含量非常高，而现今研究成图范围仅限于盆地的北部。总体说来，由于 Ruzizi 河属于盆地内最重要的轴向物源供给河流，盆地北部物源供给要比盆地中部和南部更多，而中部水深更大处将以细粒物质沉积为主，同时水体深度大，循环受限，对有机质的保存更加有利。结合前面的分析，认为 Tanganyika 裂谷除在形成的早期外，基本都处于欠补偿状态，以湖相泥岩为主，夹少量砂岩透镜体、斜坡低位期河道等。因此推测，在浅层湖底之下，大多数地层将以富有机质泥岩为主，具备良好的生烃基础。

同时，这种泥包砂的结构源储接触面积大，有利于油气及时向砂层中运移聚集，对成藏相对有利，泥岩既可以为烃源岩，又可以成为下伏砂岩层的盖层，对聚集的油气形成有效封堵。

3. 发育砂岩和碳酸盐岩两种储层类型

盆地内发育砂岩和碳酸盐岩两种储层类型。冲积扇主要分布于盆地边界断层下降盘，在两个断层的连接处，若有河流入湖，也可形成一定规模的冲积扇。同时，低位体三角洲与扇三角洲、近岸砂体、河道沉积、浊流等沉积体均可成为有利的勘探目标。

由于盆地陡岸的高度大，坡度陡，湖岸较窄，砂体的淘洗不够充分，沉积的规模与数量相对较有限。同时，高陡的山系决定了物源来源面窄，大多数物源来源于湖岸的山系，陡岸处容易形成落石和泥石流沉积，储层的物性一般相对较差。

盆地的斜坡由于物源供给面积广，砂体搬运的距离较远，分选较好，属于比较优质的储层。这些砂体的展布规模决定于盆地斜坡的坡度，总体上规模较大。这些砂体与烃源岩呈指状交错分布，易形成地层岩性油气藏。

当碎屑物源供给不充分时，碳酸盐岩、微生物礁很发育，可形成鲕粒滩、介壳滩、生物礁等多种类型，其通常呈线状展布，其既可发育于边界断层附近，也可发育于盆地的斜坡部位（图 6-16—图 6-18），而此处，细粒的碎屑岩基本不发育。

二、勘探潜力

1. 边界断层上盘滚动背斜带

结合 Albertine 地堑和 Turkana 盆地的勘探经验，盆地勘探的初期阶段，目标都集中于边界断层一侧的滚动背斜上。一方面滚动背斜属于背斜圈闭，勘探的把握性大，同时由于边界断层上盘可发育低位期扇三角洲、浊积扇的砂体，具备最起码的储层条件。此外，由于边界断层上盘烃源岩发育程度高，且埋深大，最容易成熟生烃，烃源岩与储层的侧向接触也有利于烃类运移。

2. 盆地内部的调节带

盆地内的调节带，尤其是那些长期存在的调节带，其属于继承性的"凹中隆"，一方面其在盆地的发展历史中水深一直相对较小，往往是盆地内沉积物侧向输送的屏障，粗粒组分发育程度高。在湖水的低位期调节带可能暴露遭受剥蚀作用，在湖水的高位期，其上仍可沉积细粒组分，构成有效的盖层。同时其为区域内的构造高地，被生烃凹陷围绕，是油气运聚的指向区，应当具有较好的勘探条件。

3. 斜坡带砂体与碳酸盐岩

半地堑的结构格局决定，油气总是从盆地深部向斜坡带运移，斜坡带是有利的运聚指向区。斜坡带储层物性较好，规模相对更大一些，可发育河道、近岸砂、低位三角洲等多种砂岩储层类型，同时还可发育鲕粒滩、生物礁等碳酸盐岩。但由于越靠近盆地斜坡的边缘，沉积物的粒度越粗，越容易形成连片的砂体分布。盖层条件是斜坡带勘探的重要考虑因素，需要进行充分的论证与分析。在 Albertine 地堑的北部，油气藏的埋深很浅，最浅的仅为295m，但仍可形成丰富的油气聚集。该情况说明，只要有厚层的泥岩盖层存在，即使埋藏较浅，仍有一定的封盖能力。Tanganyika 裂谷上部层系泥岩发育程度高，可形成厚层的泥岩盖层，因而可能也形成丰富的油气聚集。

第七章　Rukwa 地堑

第一节　地质及勘探简况

一、地质概况

Rukwa 地堑位于东非裂谷西支，其处于 Tanganyika 裂谷与 Malawi 裂谷之间，属于东非众多裂谷盆地的一个（Chorowicz 等，1987；Tiercelin 等，1988；Frostick 和 Reid，1990；Morley 等，1992；Delvaux 等，1992；Chorowicz，1992，2005；Abeinomugisha 和 Kasande，2008）（图 7-1）。Rukwa 地堑长 360km，宽 40～60km（Ciercelin，1990；

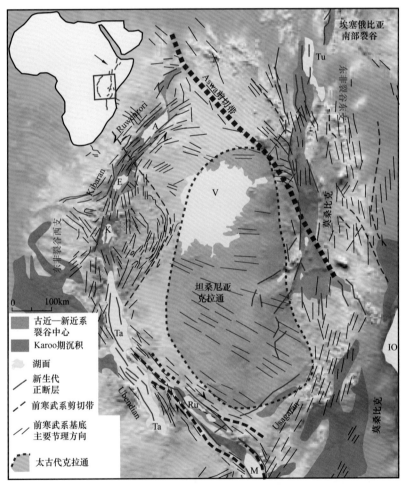

图 7-1　东非裂谷主要构造要素图（据 Corti 等，2007，修改）

A—Albert 湖；E—Edward 湖；K—Kivu 湖；Ta—Tanganyika 湖；M—Malawi 湖；IO—印度洋；
Tu—Turkana 湖；V—Victoria 湖；Ru—Rukwa 湖

Chorowicz，1992），其南部为宽且浅的 Rukwa 湖，平均水深约为 3m，且无出水口。由于气候引起河流入湖水量和蒸发量的变化，湖水水位和湖面范围变化较大，Rukwa 湖现今大致占地堑范围的一半。在过去一个世纪，Rukwa 湖甚至出现几乎全部干涸的现象，而在全新世早期，湖面几乎覆盖了盆地的整个范围（Delvaux 等，1992）。

Rukwa 地堑沿古元古代北西—南东方向的 Ubende 带发育，新元古代走滑剪切带复活是其形成的主要原因。北西向 Lupa 断层为 Rukwa 地堑东北边界，坦桑尼亚克拉通位于其东北部，地堑四周被元古宙结晶基底所围限（图 7-2），在地堑北部和西南部，有中元古界出露。在 Rukwa 地堑北部，前寒武系基底埋深大约为 4000m；在南部地区，前寒武系基底埋深最大可达 11000m。Rukwa 地堑北部为一个对称的地堑，向南地堑被 Mbozi 地台分隔为两个朝向相反的地堑。东支（Songwe 裂谷盆地）与南部 Malawi 裂谷的最北端相连接，西支（Msangano 凹陷）向东南逐渐消失（Delvaux 等，1992）。

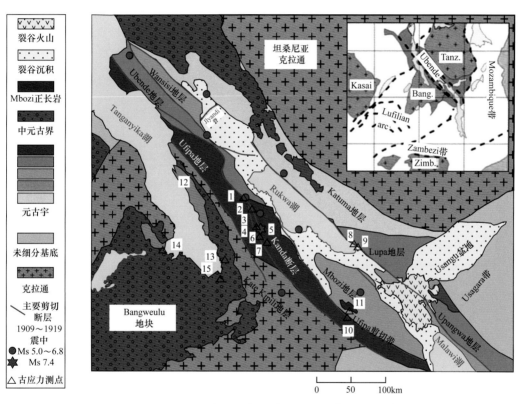

图 7-2　Rukwa 地堑周边地质图（据 Delvaux 等，2012，修改）

二、研究和勘探历史

1900 年，德国的地质学家 Bornhardt 对 Rukwa 地堑的地质情况进行了相应的研究，他是最早涉足 Rukwa 地堑地质研究的学者。之后在 1930 年以前，又有 Dantz、Andrew 和 Bailey、Scholz、Behrend、Dixey 等相继对 Rukwa 进行过相应研究。

对 Rukwa 地堑石油勘探起始的标志为 PetroCanada 公司 1983 年的重力测量（Pierce 和 Lipkov，1998）。随后的勘探工作主要由 Amoco、Pecten、Petrofina 等公司完成，他们与坦桑尼亚石油开发公司在 Rukwa 地堑区块签订了产品分成合同。1985 年，在 Usanga 台地获得了 1610 个重力测点数据；在 Ivuna 隆起上，获得了 200 个测点数据。1985—1986 年，西方地球物理公司在陆上采集了 840km 的二维测线。采集测线主要集中于 Rukwa 地堑的南部和东南部，在 Usanga 台地上也采集了 155km 的测线。1986 年，在 Rukwa 湖水范围内也采集了 1610km 的二维测线，气枪的容积为 160in³❶，48 次覆盖。1986 年夏天，Amoco、Pecten 和 TPDC 公司联合开展了野外地质工作。1987 年钻探井 2 口，其中 Galula-1 井深度为 1524m，位于斜坡带断块圈闭上；Ivuna-1 井深度为 2317m，位于 Rukwa 地堑中部 Ivuna 隆起上，其钻穿了全部沉积盖层，完钻于前寒武系基底（图 7-3）。这两口井都钻遇到较好的储层段，但总体砂质含量高，未钻遇厚层泥岩盖层段（图 7-3），也都未获得勘探突破。

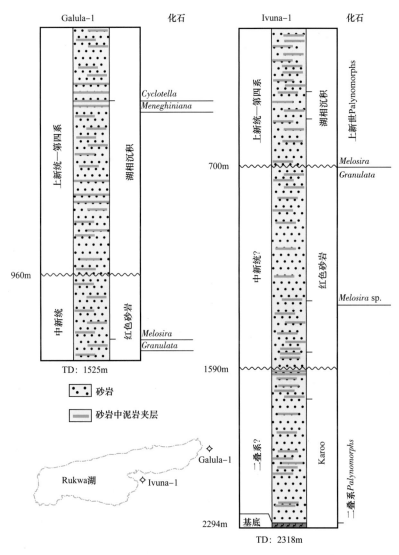

图 7-3　Rukwa 地堑 Galula-1 井和 Ivuna-1 井岩性剖面（据 Morley 等，1992，修改）

---

❶　1in=2.54cm。

第二节 盆地形成时代与演化

一、Rukwa 地堑的年代数据

通过遥感解译、野外构造分析和 K—Ar 同位素测年分析，认为 Tanganyika-Rukwa-Malawi 裂谷最起始的发育年龄为 20—14Ma，最年轻的构造至今仍在持续活动（Tiercelin 等，1988）。对 Rukwa–Malawi 裂谷肩部的剥蚀历史研究表明，最老的剥蚀事件大致发生于 250—200Ma，其为晚 Karoo 期剥蚀事件，影响范围广泛。Malawi 裂谷北部的 Livingstone 山和 Rukwa 裂陷的东部裂谷肩部样品表明，两处都存在该剥蚀面。该剥蚀面通常被认为可与东非和南非的冈瓦纳古陆剥蚀面相对比，而磷灰石裂变径迹资料表明，该界面最后一次暴露时间不会早于 40Ma（van der Veek 等，1998）。

从 Malawi 裂谷西侧裂谷肩部和 Rukwa 裂谷肩部的取样，记录了一次晚侏罗世—早白垩世（约 150Ma）的剥蚀事件，可能与裂陷运动的复活和红色砂岩的沉积有关。热史重建显示，大部分样品记录的新生代冷却温度为 35℃。从 Livingstone 逃逸体底部取得的样品表明，在新生代折返时温度超过 120℃，50% 以上的剥蚀量发生于 20Ma 之后。估计晚 Karoo 期和晚侏罗世—早白垩世构造事件产生的剥蚀量分别都能达到 2.0km±0.4km，新生代的剥蚀量约为 1.2km±0.2km（van der Veek 等，1998）。

对新生代的伸展和裂谷肩部隆升的模拟表明，裂谷肩部相关的剥蚀强烈改变了地貌特征。与 Malawi 裂谷带距离较远、且海拔较高的 Livingstone 山的形成，应当是对 Livingstone 逃逸体剥蚀作用的区域均衡性响应。由于较强的剥蚀作用，裂谷肩部下降幅度可观。地形学和重力资料显示，Rukwa 地堑东部裂谷肩（Lupa 平原），曾被剥蚀作用严重改造（van der Veek 等，1998）。

该区域构造主要受北西—南东向大型右旋走滑断层控制，沿走滑断层，Tanganyika 裂谷南部、Rukwa 裂谷和 Malawi 裂谷北部发生裂陷作用，在裂谷的连接处发育横向调节断层，中新世至今的火山活动主要与北西—南东向的横向调节断层（Livingstone 断裂）活动有关。

二、盆地构造演化过程

Delvaux 等（1992，2012）对 Tanganyika–Rukwa–Malawi 一带应力场进行了详细的研究，他们认为，裂陷阶段可能从晚侏罗世—早白垩世就已开始发生，但直至古近纪，裂陷作用才开始达到较强的阶段。在 9—8Ma 时，Rukwa-Malawi 地区开始发展为纯拉张应力状态。自更新世中期，板内挤压应力干扰了晚新生代裂谷系的演化，新生代的应力演化可划分为两个阶段（Delvaux 等，1992）：

（1）起始伸展阶段。该阶段主要的挤压应力为垂直方向，中间应力值与最小应力值接近，具有两个主要的伸展方向（东北东—西南西和北西—南东方向）（Delvaux 等，1992），先存边界断层复活，并且具有一个占主导地位的倾滑分量（Delvaux 等，1992）。

（2）走滑应力阶段。随后产生一个走滑的应力状态（中间挤压应力垂直），为南北方向的挤压力，主要引起边界断层走滑分量的复活（Delvaux等，1992）。

第一阶段代表了晚中新世—更新世的应力演变，盆地的新生代主要演化过程受其控制，其与Rungwe火成岩区两个主要的火山活动密切相关（Delvaux等，1992）。第二个阶段从更新世的中期开始，伴随着一次应力的反转，主要由主挤压应力和中间应力发生转置时，引发了一个走滑的分量（Delvaux等，1992；Delvaux，2001）。

第三节　主要构造特征

1985—1986年，Amoco、Pecten、Petrofina公司在Rukwa地堑内采集了2050km的地震测线（图7-4），其中930km位于陆上，1120km位于水上，水上测线采用48次覆盖，气枪容量为480ft³❶，电缆长度2375m，漂浮深度4.27m。

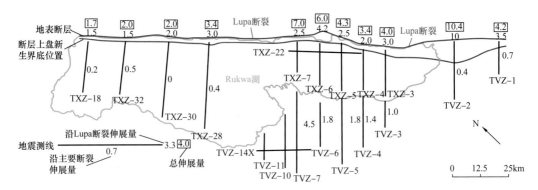

图7-4　Rukwa地堑重点地震测线及盆地不同部位伸展量（据Morley等，1992，修改）

伸展量数据的单位是km

一、盆地总体结构

Rukwa地堑总体上发育三套沉积层系，自下而上分别为Karoo超群、中新统上段红色砂岩层和中新统以上湖相沉积层。在盆地的不同部位，构造特征不同，三套层系的发育特征相应也有所不同。沿盆地走向，Rukwa裂谷盆地形态发生变化（图7-5—图7-7），在西南部其属于简单半地堑，Karoo超群和新生界层序向着北东方向的Lupa断裂方向增厚，地层与Lupa断裂之间的接触角度较陡（图7-5），约为40°（Morley等，1992）。

从地震反射来看，Karoo超群与新生界的最大沉积厚度可达10.5km，其中7～7.5km为新生界（Morley等，1992）。盆地内次级断裂通常与边界断层不相交，斜坡一带次级断裂发育程度高，这一点与东非裂谷西支其他盆地较为类似。与Lupa边界断层距离较近的断裂通常与其平行，但斜坡带断裂发育密度更高。在TVZ-1和TVZ-6剖面上（图7-6），断背斜上发育了两组倾向相对的断裂系统，断裂倾向在断背斜之上发生转变（Morley等，1992）。

❶　1ft=0.3048m。

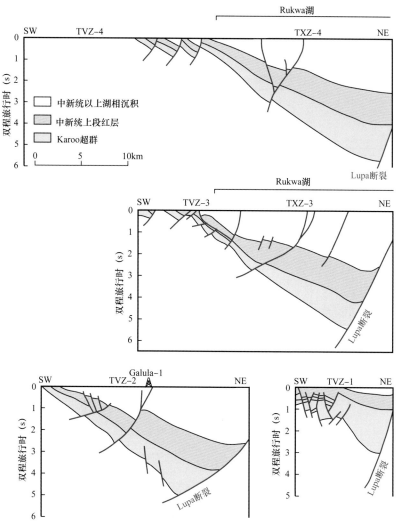

图 7-5　过 Rukwa 地堑东南部典型剖面（据 Morley 等，1992）

地层与断层的接触角度很陡

　　Rukwa 地堑内的断裂分布呈现出较强的不对称性，居于优势的展布方向为 330°（图 7-7），主要由小型、延伸较短的断层构成（Morley 等，1992）。由此向西 10°，即为裂谷盆地走向方向，该方向断层延伸长度大，但数量少，以 Lupa 边界断层为代表。320°～340° 方向出现断裂优势发育的原因可能是受先存构造的影响。

　　从南部向中部区域，盆地宽度增加，Lupa 断裂水平断距从 10km 减小至 2～4km（图 7-4），众多小型断裂的累计伸展量较大，在某些区域已经超过 Lupa 断裂，对盆地的伸展起到了关键性作用（Morley 等，1992）。

　　在裂谷西南边缘，发育了数条断距较大的断裂，其断距可达 1km 以上。Ivuna 隆起附近的陆上区域，小型断裂的类型和特征为盆地内最复杂的区域（图 7-6，图 7-7）。在该区域，小型断裂展布多为北西—南东向，与裂谷的展布方向大致相同，但是数量众多的南北方向小型断裂构成了转换断裂系统（Morley 等，1992）。

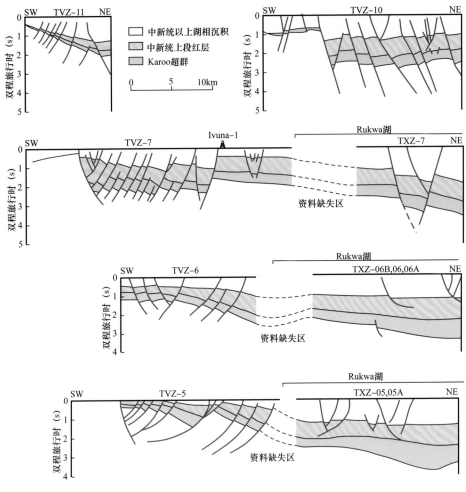

图 7-6 Rukwa 地堑中部典型剖面（据 Morley 等，1992）

次级断裂在陆上发育程度高，与 Lupa 断裂朝向相反

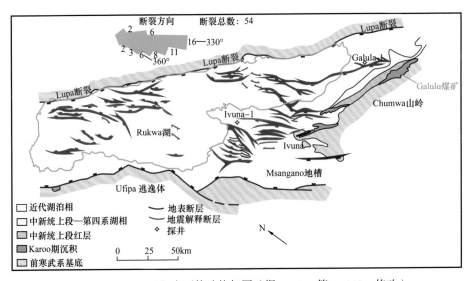

图 7-7 Rukwa 地堑主要构造格架图（据 Morley 等，1992，修改）

除少数大型断层外，绝大多数断层虽然向下延伸至基底，但 Karoo 期沉积和中新统红层在断层两侧厚度基本一致，仅上部新生界湖相地层在断层下降盘厚度明显增大。该现象表明，大多数断裂都形成于中新统湖相地层沉积时，此类断层主要分布在盆地的中南部。

从 TVZ-7、TVZ-10、TVZ-11 等剖面可以看出（图 7-6），在 20～30km 的距离内，断裂的几何要素发生了明显的变化，Ivuna 西部隆起区构造非常复杂。这 3 条线显示出从西南（TVZ-10）向东北（TVZ-11）湖相地层的厚度增加趋势（图 7-6），此外，盆地西部出现了一个主要的边界断层，其在 TVZ-7 和 TVZ-10 上切割了联络线 TVZ-20X，但在 TVZ-11 线上已经消失。向北部，断裂方向逐渐从北西—南东方向转变为北东方向展布。这种断裂方向的转变形成了次级调节断裂，其分隔了不同地层倾向的地区（Morley 等，1992）。

在 TVZ-7、TVZ-10 之间的构造发生了转变，次要断裂的方向发生转变，向北从向南西倾转变为向北东倾。尽管这种断裂方向的转变仅发生在一个横断层，成图资料显示，这些倾向不同，相互贯穿的断裂总体沿走滑方向逐渐尖灭（Morley 等，1992）。

裂谷盆地向西北部继续加宽，Lupa 断裂的断距也不断减小，其由一个铲式断裂逐渐演变为一个陡直型断裂。与南部强烈下倾不同，西北部地层倾角较缓（小于 10°），水域范围内仅识别出几条小型断裂（Morley 等，1992）。陆上重力资料显示，发育一个与水域盆地面积相当的盆地，沉积盖层的厚度为 1.5～2.0km（Morley 等，1992）。

二、Karoo 期沉积盆地几何形态

根据地震资料的特征，三条标准可用来区别 Karoo 期盆地与古近—新近系盆地：（1）Karoo 期层序在正断层上盘呈明显增厚现象（TVZ-5，图 7-6；TXZ-18、TXZ-32、TXZ-30，图 7-8）；（2）断裂仅发育在 Karoo 期层序内，或者在 Karoo 期层序内的断距要比在新生界中大很多（TXZ-32、TXZ30，图 7-8）；（3）Karoo 期层序与基底顶面反射不整合接触，Karoo 期层序上超于基底隆起之上（Morley 等，1992）。

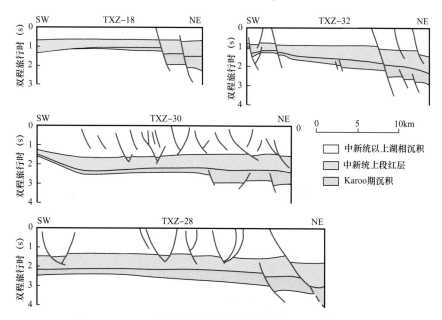

图 7-8　Rukwa 地堑西北部典型剖面（据 Morley 等，1992）

图 7-9 显示了一些在地震剖面上可识别出的 Karoo 期断裂。Karoo 期断裂在 Rukwa 地堑西北部比较容易识别，剖面上 Karoo 期小型地堑具有清晰的显示。Karoo 期断裂在 Ivuna 地区分布较少，仅在局部地区个别发育。在裂谷的东南部，除了 Lupa 断裂之外，较难识别出 Karoo 期裂谷。东南部断裂减少的趋势在古近—新近系中也同样出现，野外研究同样发现了古生界与古近—新近系沉积盆地之间相似的演化趋势（Morley 等，1992）。

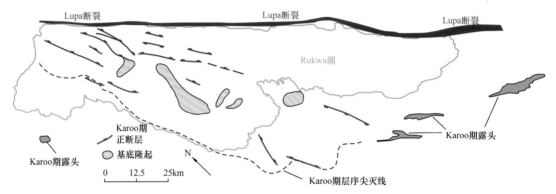

图 7-9　Rukwa 地堑内 Karoo 期沉积盆地主要构造特征（据 Morley 等，1992，修改）

第四节　地　　层

一、地表地质

Rukwa 地堑发育于前寒武系结晶基底之上，其四周被前寒武系结晶基底围限（图 7-2，图 7-7），陆相碎屑来源为前寒武系基底（Morley 等，1992）。盆地东北部为狭长的 Lupa 边界断裂，其延伸长度接近 300km（图 7-4，图 7-7）。盆地东南为 Ufipa 逃逸体，西南为 Msangano 地槽，其最主要的水系为 Momba 河。东部裂谷一直属于 Rukwa 裂谷的主要组成部分，中新世以后，由于 Rungwe 火山活动的影响，东部裂谷发育终止。Rungwe 火山带临近主要水系为 Songwe 河，Rukwa 盆地的东南部分主要被 Songwe 河三角洲充填（Morley 等，1992）。

二、新生界湖相地层

湖相地层由疏松的中新统上段至第四系组成（图 7-3，图 7-10）。主要为河流相三角洲和湖相砾岩、砂岩、粉砂岩和泥岩，并且含有浮石碎片（Morley 等，1992）。Galula-1 井新生界砂岩含量较高，含少量湖相泥岩透镜体，推测湖相泥岩透镜体通常分布在湖泊的轴向附近。高的砂泥比可能与 Songwe 河与 Sira 河入湖的富氧沉积充填环境有关，沉积物源为 Rungwe 地区火山岩（Morley 等，1992）。在裂谷南部，相对较高的沉积速率和较窄的湖盆环境，使得沉积物沿裂谷轴向发生进积作用。Galula-1 井以河流三角洲沉积为主，湖相泥岩含量很少（Morley 等，1992）。

三、红色砂岩

Karoo 超群之上为红色砂岩段，其主要由河流—湖泊相冲积扇组成（图 7-3，图 7-10）。在盆地边缘，其与上覆地层之间的不整合角度约为 15°（Morley 等，1992）。野外露头显示，红色砂岩厚度为 600~1200m，含薄层或透镜状的页岩夹层（Morley 等，1992）。在 Galula-1 井和 Ivuna-1 井，砂岩为棕红色至砖红色，粒度变化较大，粗细均有。钻井和取心资料显示，仅有 5%~10% 的地层为砖红色泥岩。在研究早期阶段，红色砂岩被认为属于中生界，但年龄数据主要是根据与 Malawi 裂谷北部地层对比得出，对比的地区跨度太大，可信度有所降低。Harkin（1955）曾认为 Malawi 裂谷处的地层为白垩系，他在其中发现了恐龙化石。在 Usevia 地区，这些地层被认为是侏罗系。Morley 等（1992）对 Galula-1 井和 Ivuna-1 井取心进行了新的孢粉学研究，结果表明，红色砂岩层应当属于中新统上段。O'Connor（2006）通过脊椎动物化石分析，认为其属于白垩系。就目前而言，这些层系的归属问题仍存在一定的分歧，尚不能给出确定性结论。

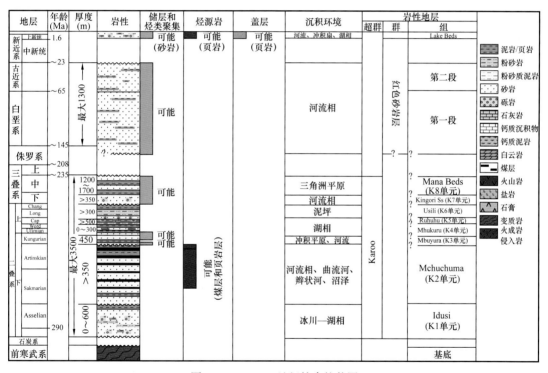

图 7-10　Rukwa 地堑综合柱状图

四、Karoo 超群

Karoo 超群主要由陆相砂岩、页岩和煤层组成（图 7-10）。Karoo 期煤层在裂谷盆地西侧形成了数个煤田，主要有 Galula、Muasa、Muse 等（图 7-7）。在 Galula 煤田内，露头观测发现，Karoo 期沉积地层厚度超过 1800m。Ivuna-1 井孢粉学研究表明，钻遇的 Karoo 期沉积年代为二叠纪，并不存在三叠纪植物。Ivuna-1 井钻遇的 Karoo 期地层主要由红色砂岩组成，含泥岩夹层，顶部为 30m 厚的泥岩（Morley 等，2012）。

第五节 基本油气地质条件

一、烃源岩

1. 新生界湖相沉积烃源岩

湖相地层在 Rukwa 地堑属于第三次构造旋回的产物,其属于对新生界拉张活动的响应。从注入 Rukwa 湖北部的 Rungwa 河中采集样品分析表明,表层沉积物 TOC 含量可高达 4.9%,干酪根类型为 I 型和 II 型。Malawi 裂谷最北端 Livingstone 断裂临近的 Sira 河上采集的样品 TOC 含量为 3.5%,若埋深条件适当,可作为有效的烃源岩。

2. Karoo 期烃源岩

下二叠统 K_2 段在 Malawi 湖北部的 Ruhuhu 地堑为最主要的含煤层系,其 TOC 含量介于 48.6%~73.5%,最低值为 27.4%(Kreuser 和 Semkiwa,1987)。生烃潜力(S_1+S_2)为 58~166mg/g,HI 指数超过 200mg/g,镜质组反射率介于 0.75%~0.82%,已经进入了生油窗(Delvaux 等,2012),干酪根的类型为 III 型,主要以生气为主。

Rukwa 地堑的 Karoo 期烃源岩的特征与 Ruhuhu 地堑的情况类似(Mpanju 等,1991),煤层和炭质页岩的镜质组反射率分别为 0.56%~0.69% 和 0.53%~0.68%。Rukwa 地堑西侧煤矿中的煤层 TOC 含量为 20.65%~63.3%,HI 指数为 102~266mg/g。T_{max} 值介于 422~463℃,显示其尚未成熟生烃。盆地深部埋深较大,以生气为主。

已有研究表明,Rukwa 地堑的热流值总体较高,绝大部分地区热流值介于 50~75mW/m^2(Lysak,1992),这对促进有机质的生烃演化非常有利。

二、储层

1. 湖相储层

湖相沉积物岩性变化较大,胶结程度较低,分析比较困难。Kavu 河的露头分析表明,两个岩性段具有一定的储层潜力,其均为分选较好、具有交错层理的砂岩。Chambwa 河上的样品孔隙度为 49.6%,渗透率为 25.2mD,具有较好的储层潜力。

粗粒的冲积扇同样可成为良好的储层,其主要沉积于边界断层附近。在边界断层下降盘,可以形成垂向加积的扇体堆积,并在平面上侧向叠置。该过程随着构造运动或湖平面的变化周而复始发生。单个扇体岩性向上逐渐变细,砾石扇主要沉积于边界断层附近。通常情况下,扇体规模越大,横向连通性越好,地震剖面上,边界断层附近,冲积扇的杂乱地震显示非常明显,比较容易识别。

2. 红色砂岩层

红色砂岩段石英含量丰富,含少量长石和岩屑。露头和井的资料显示,砂岩纯度较高,仅含极少量的泥质组分。砂岩粒度细—中等,分选中等—好,粒度较粗的样品岩屑含量相对高一些。由于胶结程度不同,孔隙度和渗透率变化较大,但是总体看来,储层物性仍要比 Karoo 超群更好。Kipande Gorge 露头砂岩孔隙度介于 13%~26%,渗透率为 170～390mD。由于在露头区物性普遍优越，红色砂岩层被认为是最有利的储层段。

3. Karoo 超群储层

在野外露头，Karoo 超群的储层物性较好，孔隙度超过 12%，渗透率最高可达到 1320mD，平均为 143mD。由于地表风化淋滤作用形成赤铁矿和铁质胶结物，在一定程度上使储层物性变差。地下环境中，无铁质胶结物存在，储层物性会比地表露头在一定程度上有所改善。

三、盖层

受资料条件限制，对红色砂岩内部盖层的封盖潜力尚不能进行比较全面的评估，碳酸盐岩和泥岩最有可能充当盖层。此外，由于 Rukwa 地堑在 20 世纪时曾经干涸过，这样最浅层也可能形成蒸发岩盖层。如果薄层的蒸发岩内部含细粒湖相泥岩，且具有相当厚度，则可具备一定的封盖能力，但由于资料的缺乏，目前尚无有力的证据表明这种盖层存在。

从现有资料来看，Rukwa 地堑内可能盖层发育程度并不高。无论从井下或露头资料来看，新生界裂谷沉积、红色砂岩层和 Karoo 超群内连续发育的厚层泥岩发育程度很低，而 Karoo 期煤系烃源岩以生气为主，天然气对盖层的要求更高，若无足够的厚度和排替压力，则无法对天然气形成有效封堵。

从地层厚度变化趋势来看（图 7-5，图 7-6），在盆地的中北部，截至 TVZ-5 测线，红色砂岩层变化厚度变化趋势不明显。尤其是在盆地的北部，最厚与最薄处之间的比例最大不超过 2.0。Lukwa 地堑为典型的半地堑，Lupa 边界断层控制作用明显，主要沉积中心也沿其呈线性展布，沉积物主要从盆地东南和西北两端入湖。红色砂岩沉积时，Rukwa 盆地整体上都处于浅湖环境下，受河流影响较大，盆地一直处于超补偿状态，其沉积之后全盆地为富氧环境，沉积物遭受氧化。在 Ivuna-1 井和 Galula-1 井，红色砂岩段都有钻遇，地层特征基本相似，以砂岩组分为主，普遍缺乏厚层泥岩。Galula-1 井已位于南部沉积中心附近，但泥岩发育程度依然较低，且斜坡向 Lupa 边界断层处红色砂岩层厚度变化较小，剖面反射杂乱，推测厚层泥岩发育程度也较低。

观察 Rukwa 地堑南部的典型剖面（TVZ-2，图 7-11）可以看出，Karoo 期沉积与红色砂岩段呈角度不整合接触状态。剖面的最西侧，不整合的角度大致为 40°；向东不整合角度逐渐过渡至 10° 左右；更靠近 Lupa 边界断层一些，角度不整合现象消失。据此，可以初步推断，Karoo 期地层沉积过程中，Rukwa 地堑一直处于浅水沼泽环境中，受河流影响很大，基本处于过补偿状态，因此总体对细粒盖层的形成不利。

Karoo 期地层沉积之后，除靠近 Lupa 边界断层部位处于浅水的环境外，盆地西部已经出露地表，发生剥蚀作用。此外，Karoo 期沉积的反射特征表明（图 7-11），除被认为属于煤系地层的连续强振幅反射之外，整个剖面上的反射基本上都呈不连续弱反射状态，这可能表明沉积物以粗粒组分为主，缺乏细粒层序的连续沉积。

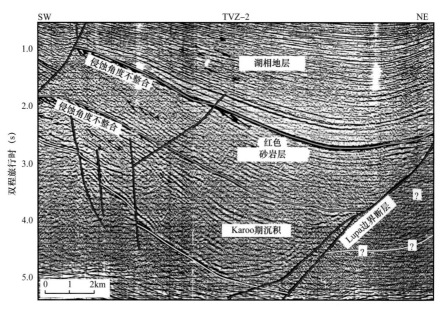

图 7-11 Rukwa 地堑南部过 Galula-1 井剖面局部放大

全幅面图见图 7-4，TVZ-2 剖面

第六节 勘探潜力

Rukwa 地堑内 Karoo 超群内的煤层和碳质泥岩层是优质的生气源岩。其 TOC 含量高，按照邻区形成商业煤田的情况估计，厚度应当比较可观。在盆地深部可达到成熟生烃的程度，应具备较大的生气潜力。

野外露头和钻井资料显示，新生界湖相地层、红色砂岩层和 Karoo 超群内的砂岩层都具有很好的储集潜力，具有孔隙度大、渗透率高的特点。此外，沿边界断层发育的冲积扇也具有较好的物性，可以充当较好的储层。

但从现有的钻井和露头资料来看，Rukwa 地堑内盖层发育程度较低，几套层系都以砂岩为主，缺乏厚层区域性分布的泥岩盖层，因此，其勘探潜力也将受到一定影响。推测在 Lupa 边界断层附近，沉积历史中水体深度较大，或可能存在一定规模的泥岩，但目前尚不能准确判定。

基于以上分析，认为在 Rukwa 地堑内烃源岩和储层条件并不缺乏，煤系烃源岩以生气为主，三套层系内均有优质储层发育，构造圈闭也较为发育。但这几套层系的沉积环境均为超补偿环境，对厚层泥岩盖层发育不利。而天然气对盖层的要求高，缺乏区域性分布的厚层盖层存在，因此，总体来看 Rukwa 地堑各成藏要素匹配条件偏差的油气潜力相对较为有限。

第八章 Malawi 裂谷盆地

第一节 概 况

Malawi 裂谷盆地位于东非裂谷盆地西支，裂谷的主要区域被 Malawi 湖覆盖（图 8-1）（Flannery 和 Rosendahl，1990；Lyons 等，2011），Malawi 长约 560km，宽约 50km，面积为 30800km²。Malawi 湖在面积上属于东非第二大湖泊，仅次于 Tanganyika 湖；按容积计算，属于世界第五大湖泊。Malawi 湖泊也是非洲第二深湖泊，其深度仅次于北部的 Tanganyika 湖，水深最大约为 700m，永久缺氧带的深度约为 250m（Eccles，1974）。湖泊北部边界为 Rungwe 火成岩发育区，南部边界为 Shire 河谷。裂谷北部的边界为裂谷山系，高出湖平面约 1500m，湖泊南部裂谷山系发育程度较低（图 8-1）。

(a) 东非裂谷湖泊及裂陷盆地分布

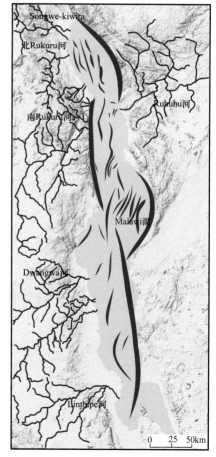

(b) Malawi 湖测点分布及主要构造

图 8-1 东非裂谷主要裂谷湖泊分布及 Malawi 裂谷湖泊主要构造格架、水系分布（据 Lyons 等，2011）

Malawi 湖以北东—南西方向注入水系为主（图 8-1），湖岸主要由前寒武系片麻岩、麻粒岩等组成（Daly 等，1989）。Rungwe 火成岩区的剥蚀物通过河流带入湖泊北部。Karoo 期沉积主要集中于盆地东岸的 Ruhuhu 地堑和 Maniambo 地槽内（图 8-2）。Ruhuhu 河流经 Ruhuhu 地堑，是湖岸东侧唯一的大型入湖河流。Shire 河位于湖南部，是 Malawi 湖的唯一的出水河流，其对湖平面的变化起到了重要的调节缓冲作用。

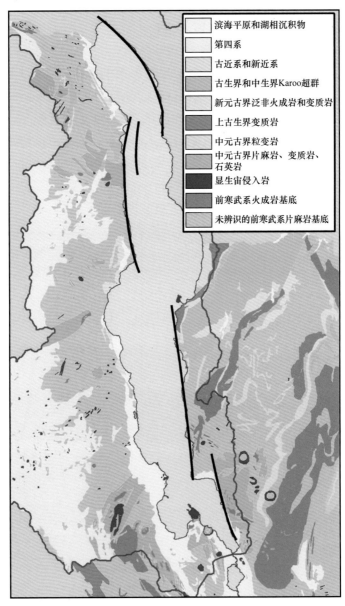

图 8-2　Malawi 裂谷周边区域地质图（据 Scholz 等，2011）

图例：
- 滨海平原和湖相沉积物
- 第四系
- 古近系和新近系
- 古生界和中生界Karoo超群
- 新元古界泛非火成岩和变质岩
- 上古生界变质岩
- 中元古界粒变岩
- 中元古界片麻岩、变质岩、石英岩
- 显生宙侵入岩
- 前寒武系火成岩基底
- 未辨识的前寒武系片麻岩基底

裂谷盆地北部的西侧地表出露沉积岩，但年代变化较大。二叠系—三叠系 Karoo 期砂岩、页岩和煤层厚度为 2～3km，其可延伸至坦桑尼亚西部的 Ruhuhu 河附近（Yemane 等，1989；Kreuser 等，1990）。含丰富生物化石的白垩系陆相沉积在湖岸西北侧肩部露头也有出露（Roberts 等，2004），其上部被新近纪—第四纪沉积物覆盖，并且发育生物灰岩。

湖岸北侧约 40km 处则为 Rungwe 火山岩分布区（图 8-3a），主要由玄武岩和霞石岩组成（Furman，1995），其为东非裂谷西支三个新生代晚期火山中心之一。测年数据表明裂谷发育的最初时间为中新世晚期（Ebinger，1989a）。因火山岩分布区内仅有一条主要河流，即 Lufirio 河从湖北部注入（图 8-3a），因此火山岩沉积物仅分布在 Malawi 湖的北部（Scholz 等，2011）。

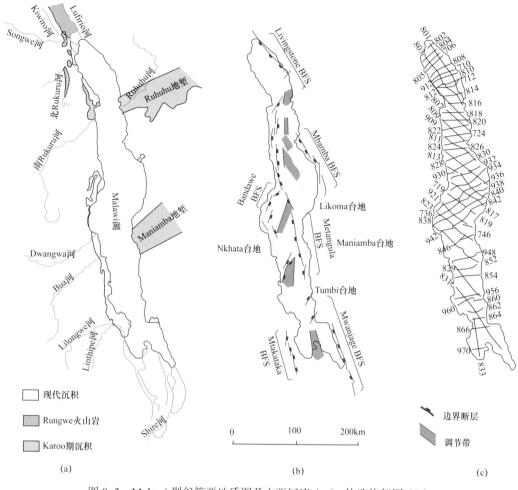

图 8-3　Malawi 裂谷简要地质图及主要河流（a）、构造格架图（b）、
主要地震测线分布（c）（据 Flannery 和 Rosendahl，1990）
BFS—边界断层系统（Border Fault Systems）

第二节　前期工作和构造环境

1981 年，Duke 大学的 CEGAL 项目采集了 Malawi 湖的首批单次覆盖地震测线，借助此资料，对裂谷的演化有了初步的认识（Rosendahl 和 Livingstone，1983；Ebinger 等，1984）。基于 Tanganyika 湖上由 PROBE 项目采集的多次覆盖地震资料（Duke 大学等单位实施），初步建立了陆内裂谷的模型（Reynolds，1984；Reynolds 和 Rosendahl，1984；

Rosendahl 等，1986），为系统研究 Malawi 裂谷提供了重要参考。

Malawi 地堑发育一系列南北向展布的对倾断裂，形成了七个通过调节带相互连接的半地堑。主要的边界断层控制了盆地的发育和基本特征，大型断裂断距可达 4km 以上。按照边界断层的具体特点，在 Malawi 裂谷共识别划分出 Livingstone 断裂等六条大型边界断层（图 8-3b）。

1983 年，Duke 大学的 PROBE 项目在 Malawi 湖采集了约 3000km 的地震测线，其为 24 次覆盖，电缆长度为 1200m，气枪容量为 140ft^3，地震测线分布图如图 8-3（c）所示，此地震资料为系统解剖 Malawi 裂谷的构造、沉积奠定了基础。

第三节　主要构造格局

一、Livingstone 半地堑

Livingstone 半地堑属于沿 Livingstone 边界断层发育的半地堑，其位于 Malawi 裂谷的北部（图 8-4）。次级同沉积断裂基本都与 Livingstone 边界断层的倾向相同（图 8-4），半地堑被次级同沉积断裂分割为多个局部沉积中心，但斜坡部位的局部沉积中心规模很小（图 8-5），都属于边界断层上盘沉积中心的分支。在 Livingstone 边界断层控制的沉积中心

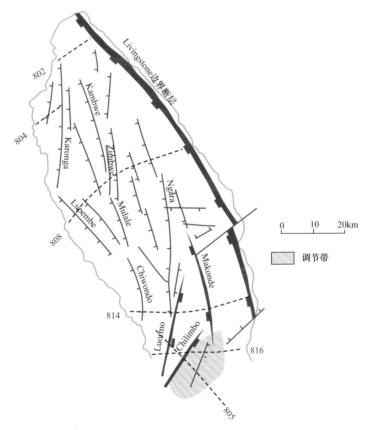

图 8-4　Livingstone 半地堑简要构造要素及测线分布图（据 Flannery 和 Rosendahl，1990，修改）

内，沉积盖层的厚度由南向北大致增加一倍，至北部最厚处，约为 5km（双程旅行时4.5s）。从盖层厚度图可看出，地堑最北端沉积速率最大，这主要与 Lufirio 河从此处入湖有关，而 Lufirio 河属于流入 Malawi 湖的最重要河流之一（图 8-3）。水深资料显示，由北向南，水深呈逐渐加深趋势，南部最深处可达 650m（图 8-5）。

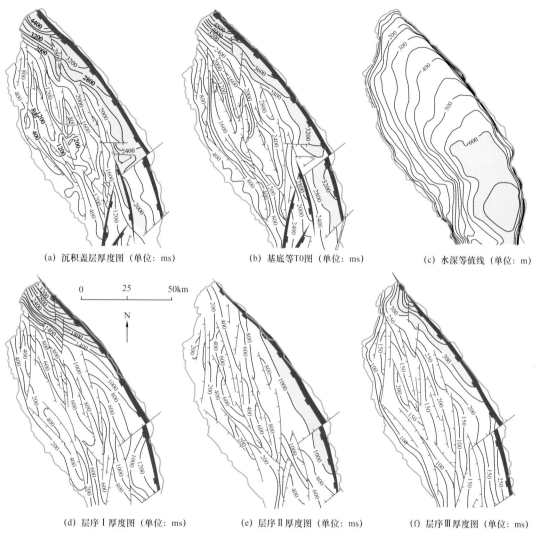

(a) 沉积盖层厚度图（单位：ms）　　(b) 基底等 T0 图（单位：ms）　　(c) 水深等值线（单位：m）

(d) 层序Ⅰ厚度图（单位：ms）　　(e) 层序Ⅱ厚度图（单位：ms）　　(f) 层序Ⅲ厚度图（单位：ms）

图 8-5　Malawi 裂谷北部不同层系厚度图、水深分布图（据 Flannery 和 Rosendahl，1990）

　　按照盆地尺度不整合分布的特点和一致性，Livingstone 半地堑内沉积盖层可划分为三个地震岩性单元（图 8-6）。总体上，上超、顶超和剥蚀削截等现象只能在半地堑内某些大型反转断块、浅层或盆地斜坡上观察到。根据地震剖面中上超、顶超、削截及连续强振幅的反射特征，在盆地斜坡识别出区域性不整合界面，再将其追踪至盆地深部。盆地内部强振幅反射特征，可能代表由于构造或气候原因引发的低水位期沉积过程突变。湖水低位期时，河流将向湖泊内部延伸，从而导致粗粒组分从湖岸逐渐向湖盆中心迁移。最下部的地震地层单元是 Livingstone 半地堑内部最厚的地层单元，按照相等的沉积速率估算，该层序沉积时间可能也要比上部层序更长。

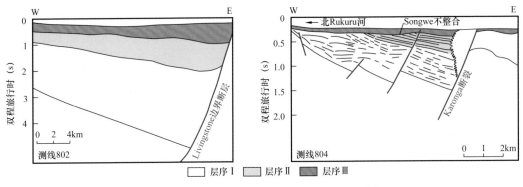

图 8-6 测线 802 与测线 804 线地震地层解释剖面

层序 I 的厚度图表明（图 8-5），沉积中心位于湖泊最北端，紧邻边界断层发育。该现象表明，当层序 I 沉积时，湖盆的边界可能还要比现今更靠北。Malawi 湖上的重力测量数据显示，地堑北部有一定厚度的沉积岩体延伸至北部的 Tukuyu 地堑内。与层序 I 相比，层序 II 的沉积中心已向南部迁移，向北厚度逐渐变薄，而层序 III 的沉积中心又重新向北部迁移。该现象表明，在沉积过程中，Livingstone 边界断层发生了翘倾运动。图 8-5（a）—（c）显示，沉降中心也发生了翘倾运动，从最初的北部移至现今的南部。很明显，沉降中心的迁移对盆地充填过程中沉积中心的大小、位置、持续时间等都具有重要的控制作用。相应沉积环境的改变，如河流入湖点变化等，同样会受到沉降中心迁移的影响。

因在某些测线上解释的基底之下发现了类似沉积岩层的连续反射波组，加之某些剖面部位基底反射也不够清晰、典型，因此地震剖面上解释出的基底可能并不代表真正的结晶基底。此外，由于地堑内尚无钻井资料，盆地内不同层序的绝对年龄至今尚不清楚。鉴于在湖岸附近的陆上发现 Karoo 超群、白垩系和新近系沉积露头，地震剖面划分的基底之下偶然出现的反射波组也有可能代表中生界。但有一点可以肯定，现划分基底之上的地层不可能存在新生代沉积，这一点从沉积盖层线性变化的速度上可以得到证实，盆地最深处的速度大致为 3500m/s，符合新生界层的特征。

在某些区域，强振幅基底的反射特征在断块上显示非常清晰（如测线 808），断块上存在明显的削截标志（图 8-7）。断块顶部的削截特征提供了半地堑中部演化的重要信息，两套下部层序均被上部层序所削截，都与其呈角度不整合接触。在测线 804 上，也可以观察到类似的现象（图 8-6）。Karonga 断裂决定了断块西部的基本特征，并且形成了一个局部沉积中心（图 8-5，图 8-6）。地震测线 804 中的弱反射区被解释为北 Rukuru 河入湖形成的进积三角洲。该剖面很好地解释了粗粒碎屑岩从斜坡进入半地堑，并呈楔状沉积于同沉积断层下降盘的沉积方式，杂乱反射向东逐渐侧变为相对连续的水平状反射，表明逐渐进入相对广阔的湖盆环境（图 8-6）。深部层系被 Songwe 不整合所削截，这也构成了盆地其他地区的层序识别界面。

在两套浅层层序（层序 II 和层序 III）内强振幅、连续的反射特征代表了相对稳定、广阔的湖相裂谷沉积环境。而下部层系（层序 I）那些不连续的、弱振幅反射明显与上部反射的特征有所不同，这可能是由于构造扰动破坏了成层性，同时深层低信噪比通常较低，也可形成这种反射特征。但总体来说，这种不连续、弱振幅的反射是成层性较差的粗粒河流相沉积的反映。在裂谷盆地发育早期，河流注入浅水湖泊环境，可能形成层序Ⅰ的这种地震反射特征。

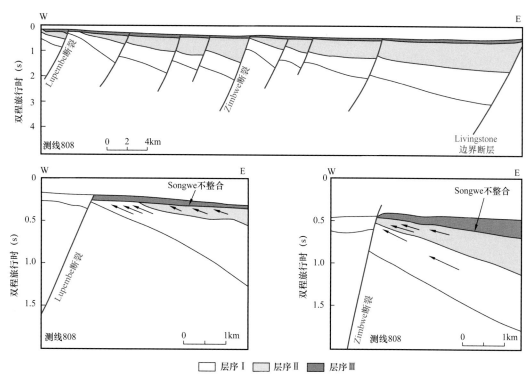

图 8-7　测线 808 线及其局部放大剖面，显示削截和上超的特征（据 Flannery 和 Rosendahl，1990）

地震测线 814 和测线 816 反映了 Livingstone 半地堑南部的地形格局（图 8-8）。规模较小、埋深超过 2.0km 的基底隆起位于 816 测线的中部，是 Livingstone-Usisya 调节带最北端在剖面上的反映（图 8-4）。Ruhuhu 河以深切河谷的方式，跨越该基底隆起向南部输送了大量沉积物。Luprmo 断裂处于测线 816 的最西端，其与层序Ⅰ之间呈高角度接触关系（图 8-8）。层序Ⅱ已经完全缺失，层序Ⅰ上部发生削截现象（Songwe 不整合），层序Ⅰ与层序Ⅲ呈角度不整合接触。向着盆地方向，该不整合逐渐由削截转为上超（图 8-8，测线 816 局部放大）。此处，层序Ⅰ的进积作用可能反映了半地堑内部湖水面的逐渐上升，也可能是由于沿着大型反向断层（Chitimbe 断裂）的沉降作用形成的。削截与上超之间的界线可能为古湖岸位置，其可能形成于一次重要的湖水低位期，Songwe 不整合由此形成。

测线 805 连接了 Livingstone 半地堑和 Usisya 半地堑的较深部分（图 8-8）。深部凹陷在测线 805 上反映清晰，表明在该区发生了明显的伸展作用，基底隆起已完全转变为深凹陷。地表露头显示，Karoo 期的地槽就在此区域湖岸的西侧（图 8-3），推测这在新生代裂谷形成时，可能引发了 Karoo 期大型断裂重新活化，从而使该区发生沉降，因而发生隆—凹转换。

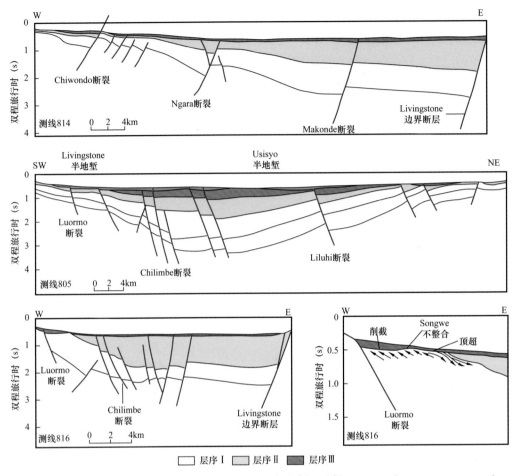

图 8-8　测线 814、测线 805 和测线 816 地震地层解释剖面（据 Flannery 和 Rosendahl，1990）

二、Usisya–Mbamba 地质区

与 Livingstone 半地堑相比，Usisya–Mbamba 半地堑构造相对复杂，数条大型断层共同构成了湖岸西部的 Usisya 边界断层（图 8-9）。东部的 Mbamba 边界断层由两条断裂构成，位于现今湖岸东侧陆上。调节带表现为构造高地，其沿着裂谷轴向展布，将 Usisya–Mbamba 半地堑分隔为四个次级凹陷。尽管北部有两条大型河流入湖，但沉积厚度最大处位于 Usisya 边界断层的中南部，最大约 3000m，沉积地层厚度最大的区域与水深最大处呈较好的对应关系（图 8-10）。与 Livingstone 半地堑类似，某些地震剖面上深部孤立的层状特殊反射表明，现今的地震解释基底可能并非真正的结晶基底，深部可能还存在 Karoo 期沉积地层。

Usisya–Mbamba 地质区的地震反射可以划分为四个地震地层单元（图 8-11）。同样，在沉积历史中，沉积中心不断变迁（图 8-10）。最底部的层序 I 沉积中心显示出主要受 Usisya 边界断裂控制；在层序 I 沉积后，在半地堑的北部，沉积中心与边界断层有所偏离；在层序 II 沉积期间，半地堑南部局部沉积中心稍向南偏移；在层序 III 沉积时，南部沉积中心又向北回撤（图 8-10）。该处的构造应力既不是简单剪切，也不是沿着 Livingstone

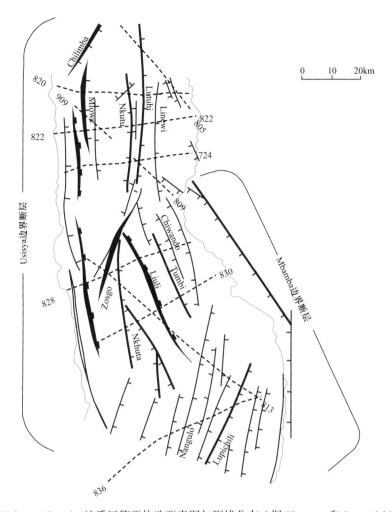

图 8-9　Uaisya-Mbamba 地质区简要构造要素图与测线分布（据 Flannery 和 Rosendahl，1990）

边界断层的北—南—北方向的单纯拉伸，这可能与复杂的边界断层有关，固有构造格局对地层沉积有明显的控制作用。

　　沿着湖岸西侧的 Karoo 期露头与湖岸东侧的 Karoo 期地槽的位置呈遥相对应关系（图 8-3）。Karoo 期地层在 Livingstone 地区最小沉积厚度约为 1km，主要由泥岩、粉砂岩、砂岩、长石砂岩、砾岩和煤层构成。根据 Karoo 期露头的分布特征推测，Ruhuhu 地堑的范围很可能穿越 Malawi 湖与西岸连为一体。

　　Ruhuhu 河沿着 Ruhuhu Karoo 期裂谷流入湖泊，在入湖点附近，测线 805 上出现了明显的地震反射特征变化。强振幅、水平连续的地震特征突变为强振幅、弱连续地震反射，中间夹杂弱反射带，这种地震反射特征的变化可能是 Ruhuhu 河携带的大量 Karoo 期沉积物重新改造沉积引起的结果。测线 805 上另一个位置的地震反射表明，连续性差的丘状反射代表小型浅水前三角洲。在其他测线的最东端，还可观察到不同岩性界面内的倾斜反射波组，表明当湖水处于低水位期时，Ruhuhu 河进积三角洲向着湖泊方向延伸。这种特征也有可能是水下扇的反映。

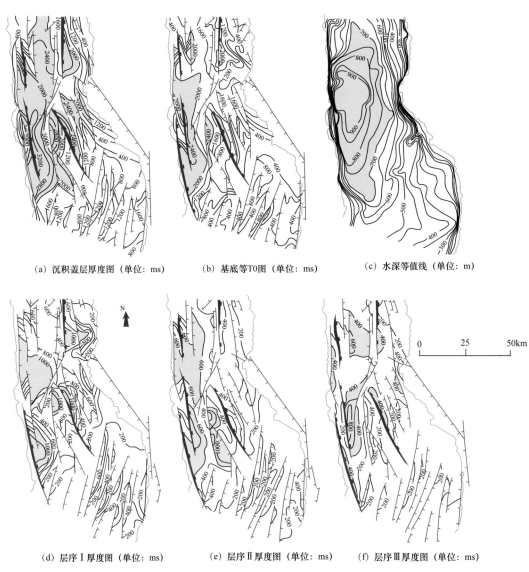

(a) 沉积盖层厚度图（单位：ms）　　(b) 基底等T0图（单位：ms）　　(c) 水深等值线（单位：m）

(d) 层序Ⅰ厚度图（单位：ms）　　(e) 层序Ⅱ厚度图（单位：ms）　　(f) 层序Ⅲ厚度图（单位：ms）

图 8-10　Malawi 裂谷中部不同层系厚度图及水深等值线（据 Flannery 和 Rosendahl，1990）

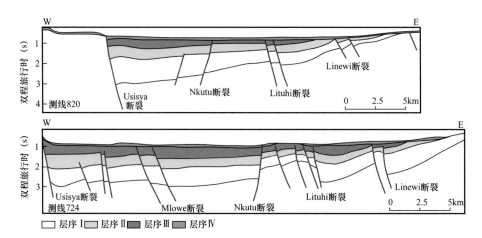

□ 层序Ⅰ　▨ 层序Ⅱ　■ 层序Ⅲ　▨ 层序Ⅳ

图 8-11　测线 820 与测线 724 地震地层解释剖面（据 Flannery 和 Rosendahl，1990）

同样，Malawi 湖东部边界断层处也可找到陆源碎屑的证据。一个明显的高角度倾斜反射，长度约为 2km，高度为 300m，在测线 909 的最西段上 1s 处非常清晰，该现象可能反映了南 Ruhuhu 河入湖时的三角洲沉积，推断此三角洲已经进积超出了 Ruhuhu 台地的范围。Rosendahl（1987）曾报道，Tanganyika 湖的台地区成为四个粗粒碎屑进入盆地的地点之一，地震反射特征表明，Malawi 裂谷的情况可能与 Tanganyika 裂谷相似。

地震测线 820 显示了北部半地堑的特征（图 8-11）。测线中部数条反向断层与正向断层共同构成了裂谷轴向调节带的最北端。在测线 820 的东端，下部三套层系均呈削截状态与上部层系不整合接触，最上部层序Ⅳ在整个地区的厚度都非常小。该区的层序Ⅳ与 Livingstone 半地堑内的层序Ⅲ应属于对应的层系，其在 Malawi 湖广泛分布。层序Ⅳ的底界为 Songwe 角度不整合，其代表了在 Livingstone 地堑内层序Ⅲ底部的剥蚀事件。测线 820 中显示的削截反射表明，在层序Ⅲ沉积之后，应出现了一次重要的低水位期，造成下部层系的暴露与剥蚀，侵蚀界限代表了 50000～150000 年前的古湖岸位置。

从北部的 820 测线至南部的测线 724（图 8-11），层序Ⅲ厚度逐渐增大，表明在测线 724 一带，调节带两端的局部沉积中心发育程度更高。在调节带东西两侧层序Ⅲ内部出现了明显的反射特征变化。该区内现代沉积的信息表明，西部连续性差、丘状起伏的反射可能为河道和堤状砂沉积，在湖水低位期，源自倾斜断块再沉积的席状砂也存在的可能。

在 Usiya-Mbamba 地堑内，层序Ⅱ、Ⅲ、Ⅳ与最底部层序Ⅰ之间的差别与 Livingstone 地堑内非常类似。层序Ⅰ的振幅弱、连续性差，这可能与沉积环境发生转变、上部层系碎屑粒度减小有关。早期沉积以河流相或浅湖相为主，其都在地震剖面上形成特定反射特征。层序Ⅱ、Ⅲ和Ⅳ内强振幅、高连续性的反射表明，这些层序形成于深度大、面积广的裂谷湖泊晚期环境。此类沉积物可能属于有机质含量很高、中间夹粉砂和细砂岩透镜体的泥岩。弱振幅透镜体砂岩在现代湖底已有发现，其被认为属于浊流形成的席状砂，可能代表了该区内现代居于主导的沉积模式。

北西向展布的坳陷具有典型半地堑特征，在层序Ⅰ和层序Ⅱ的厚度分布特点中已有所体现（图 8-11）。由于 Nkutu 断裂在层序Ⅰ和层序Ⅱ沉积时持续活动，原始的半地堑特征可能遭受一定程度的改造。从测线 909 调节带西侧层序Ⅱ的厚度变化可看出（图 8-12），Nkutu 断裂下降盘厚度增加非常明显，证明其在层序Ⅱ沉积时有较强的活动。测线 724 断层上盘层序厚度增加明显是 Nkutu 断裂在层序Ⅲ沉积时存在较强活动性的证据（图 8-11）。另一个大型断裂，即 Mlowe 断裂，属于 Usisya 断裂的同向次级断层，同样在层序Ⅲ沉积时活动性增强。从测线 724 可以明显看出，层序Ⅲ在 Mlowe 断裂上盘厚度明显增大（图 8-11）。厚度资料显示，随着时间的推移，半地堑北段局部沉积中心具有向北部和南部盆地中心方向迁移的特征（图 8-10），表明 Nkutu 断裂和 Mlowe 断裂活动性增强，至层序Ⅲ沉积结束后，沉积中心已经转移至 Mlowe 和 Nkutu

两大型断裂之间。

北东向坳陷主要受调节带北段东缘的 Lituhi 断裂控制，见图 8-12 中测线 909+809 和测线 813。此 Lituhi 断裂在层序Ⅰ、Ⅱ、Ⅲ沉积时都显示出较强的活动性，断层断距持续增大，下降盘沉积层厚度明显大于上升盘（图 8-12）。

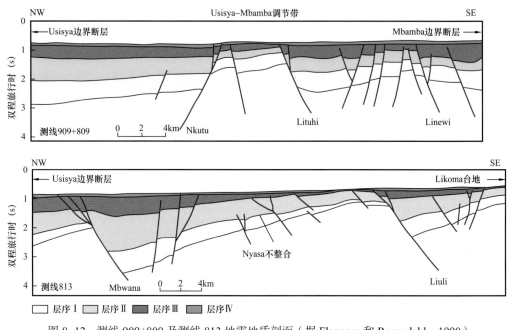

图 8-12　测线 909+809 及测线 813 地震地质剖面（据 Flannery 和 Rosendahl，1990）

另一条大型同向断层（Linewi 断裂）在层序Ⅰ和层序Ⅲ沉积时活动强烈，上盘断块地层厚度增加明显（图 8-12）。层序厚度和剖面图显示（图 8-10，图 8-12），Linewi 断裂在层序Ⅱ沉积时活动较弱。在 Tanganyika 裂谷盆地，Rosendahl（1987）发现一些边界断层的活动特征与其相关的反向断层密切相关，有时活动发生延迟甚至停止沉降。在该区，层序Ⅱ沉积时沿大型断裂沉降量的降低可能与位于陆上、朝向南西的反向 Mbamba 断裂活动强度的增加有关。

Usisya–Mbamba 调节带两侧结构具有较强的对称性，在测线 724 和测线 909+809 上反映清晰（图 8-11，图 8-12）。测线 809 最东端地震反射特征表明，东部地层沉积明显受 Mbamba 边界断层影响，下部三套层系厚度向东都有明显增加，因此推断，Mbamba 边界断层在这三套层系沉积时都存在明显的生长活动。在测线 724 上，调节带两侧地震反射特征发生明显变化，再次证明调节带有可能在一定程度上阻碍了该区沉积物的侧向输送。

Usisya–Mbamba 调节带中部表现为一个北东—南西方向展布的垒块，其将狭窄的南西凹陷与南东凹陷分开（图 8-13）。调节带中部向南倾伏，边界断层向西扩展，这就使得南西凹陷变宽。调节带南端为北西—南东向展布垒块，过中部的测线 830 上，表现为倾斜断块特征（图 8-13）。

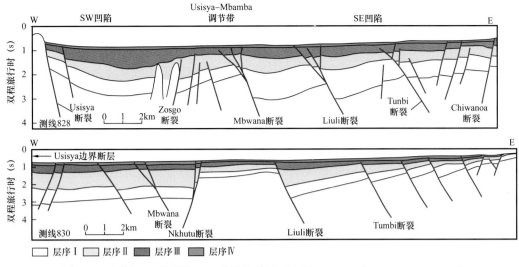

图 8-13　测线 828 与测线 830 地震地质剖面（据 Flannery 和 Rosendahl，1990）

　　在 Usisya–Mbamba 地质区中南部，下段地层对比存在一些困难。Usisya–Mbamba 调节带的地震显示特征及地层厚度特征表明，调节带在该区裂谷发育的早期阶段构成了沉积物侧向输送的重要屏障。地震测线 828 中部的放大显示表明，层序 II 被层序 III 的底面（Baobab 不整合）所削截。不整合面之上的地震反射呈不连续丘状，与地震测线 724 和测线 805 上所观察的比较类似，其应为浅水环境下形成的小型楔状斜坡扇或水下扇体。

　　测线 830 显示，越过 Usisya–Mbamba 调节带之后，下部三套层系厚度均明显减薄。层序 I 上超于基底，同时又被层序 II 底面的 Nyasa 不整合所削截，而基底顶面又显示出被河道切割的特征。强振幅、低频率、三个旋回的特征在地震测线 813 的基底顶面有明显显示，这种反射特征可能是长期暴露而侵蚀的响应。诸多现象表明，Usisya–Mbamba 调节带属于一个长期存在的构造高地，其阻碍了南东凹陷和南西凹陷之间的沉积物输送与交换。

　　测线 830 显示，层序 I 向西部的 Usisya 边界断层逐渐增厚，但层序 II 变化趋势却正好相反，向东部 Nkhuta 断裂方向增厚，Nkuuta 断裂决定了 Usisya–Mbamba 调节带南半部分西侧层序 II 沉积时的格局。不同层序厚度图表明，层序 I 和层序 II 沉积期间，沉积中心从东部向西部迁移，而层序 III 的沉积中心又重新迁移至东部（图 8-10）。北西向凹陷层序 I 和层序 II 沉积期间，同样存在这种跷跷板式的沉降方式。Rosendahl 等（1992）通过对 Tanganyika 裂谷的研究，发现沉降可以在两个朝向相反的边界断层之间发生相互转换，这与此处跷跷板式的沉降方式基本一致。

　　Mawana 和 Liuli 断裂分别决定了 Usisya–Mbamba 调节带中部和南部的构造格局（测线 828 和测线 830，图 8-13）。测线 828 显示，层序 II 和层序 III 的厚度向东变化不大，而层序 I 向东部厚度明显减小，Mawana 和 Liuli 断裂的活动基本上都集中于层序 I 沉积时。在测线 830 上，Liuli 断裂下降盘层序 II 厚度明显增大，显示其活动主要集中于层序 II 沉积时，不同层序的厚度图解释了这种北—南—北的沉积中心的迁移现象（图 8-10）。这种迁移的模式与前面论述的沿 Livingstone 边界断层沉积中心的迁移非常相似。

地震测线 828 最东端倾斜反射表现出 Mbamba 边界断层对南东向沉积盆地的控制作用。在测线 830 上，可观察到整个凹陷与东部半地堑的形态。强振幅、连续性强的反射在测线 828 上部层系上整体都反映明显，但在测线 830 的东半段，反射波连续性差，振幅变化大，测线 724 斜坡部分也显示出相同的反射特征，可能是小型河流由此点入湖所致。总体而言，这种连续性差、弱反射的特征与高比例的陆源粗粒沉积有关，半地堑的上倾边缘通常是河流入湖最重要部位。

测线 813 从 Ususya 半地堑南东部分穿过 Usisya-Mbamba 调节带的中南部（图 8-12），该测线东部为 Likoma 台地。Nyasa 不整合属于一个角度不整合，为该区南部层序 I 和层序 II 之间的界面。在测线 813 中部的放大剖面中，显示出与该不整合相关的削截特征和陡倾反射波。Nyasa 不整合代表了 Malawi 湖一次重要的低水位期，而下倾断块上该不整合同样存在，表明在该低水位期，裂谷湖泊可能已经全部干涸。

Likoma 台地属于相对地形高，以简单断块和倾斜断块发育为特点，其将 Usisya-Mbamba 的东半部分与 Bandawe-Metangula 地质区分隔开来。现今构造与沉积格局表明，这两个沉积区西部之间可能存在沉积物交换。Usisya 和 Bandawe 半地堑都在 Likoma 台地发生倾没，因此 Likoma 台地对该区沉积环境和岩性分布有一定影响。

三、Bandawe-Metangula 地质区

沿 Bandawe 边界断层和 Metangula 边界断层形成的沉积单元内部构造比较复杂，北半部分断裂发育程度很高，南部相对偏低（图 8-14）。西部 Bandawe 半地堑的沉积中心相对面积不大，但是沉积物厚度最大可达 2.7km（图 8-15）。东部 Metangula 半地堑内，沉积中心沿 Metangula 边界断层展布，南部沉积盖层最厚处约为 2.5km。在该区的北西角，水深、最大沉降中心和最大沉积中心三者之间呈良好的对应关系。但在南部，这种对应关系较差（图 8-15）。水深最大位置位于 Metangula 半地堑的最北端，可能与 Karoo 期 Maniamba 裂谷的存在有关，其在此位置与 Malawi 湖相交。Metangula 地堑南部最大沉降中心与沉积岩厚度之间对应关系较差可能是裂谷南部构造发育尚不成熟所致。另一种可能性是，在裂谷发育的早期阶段，沉积速率在较长的时期内都大于沉降速率，直到发展的后期阶段才有所改变。

地震测线 836 从 Bandawe 半地堑延伸至位于 Usisya-Mbamba 地质区南东角的 Likoma 台地北半部分断块处。Usisya 不整合限定了 Usisya-Mbamba 地质区内层序 I 的顶面边界，可以通过测线 813 实现从 Likoma 台地到 Usisya 半地堑的追踪对比。层序 I 及与其相关的 Nyasa 不整合，在 Bandawe 半地堑内已经消失（图 8-15，测线 836）。Usisya-Mbamba 地质区内上部的三套层系（II、III、IV）可以延伸追踪至南西方向，其是与 Bandawe 半地堑相对应的三套层序。这种追踪对比建立了两个半地堑内部层序的相对时间约束关系，如果 Bandawe 半地堑内的层序 I 与 Usisya 半地堑内的层序 II 相对应，那么可以推断，Usisya 半地堑形成较早，而 Bandawe 半地堑则在 Usisya 半地堑内层序 I 沉积之后才开始形成。

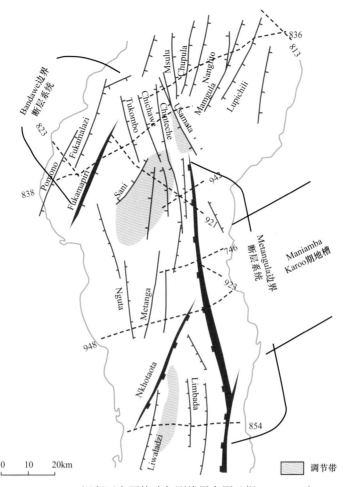

图 8-14　Bandawe-Metangula 沉积区主要构造与测线展布图（据 Flannery 和 Rosendahl，1990）

在 Bandawe 半地堑内，存在数条北北东和北北西方向展布的大型断裂，控制着层序厚度与局部沉积中心展布，北北西向断层走向与 Usisya 边界断裂基本相同（图 8-14，图 8-15）。在 Bandawe-Metanguia 半地堑内，从大型同向次级断裂下降盘地层厚度明显大于上升盘，推断有相当一部分断裂在层序Ⅰ沉积时发生活动（图 8-16，测线 836、测线 838）。总体看来，断裂在半地堑发育的早期阶段活动性更强一些，最直接证据就是很多断裂仅在下部层系内存在断距，或者下部层系内的断距要远大于上部层系。

从 Chichawe 和 Chinteche 断裂的活动特点来看，自层序Ⅰ沉积之后，其活动性变弱（图 8-15，图 8-16）。厚度图显示，在层序Ⅰ和层序Ⅱ沉积期间，东北角的断裂活动性逐渐减弱，而这种断裂活动性的减弱可能是对东部边界断层沉降活化的响应，这种响应使盆地内部断块普遍向东掀斜（测线 836、测线 838，图 8-16）。该特征与 Usisya 半地堑和 Mbamba 半地堑翘倾式活动类似。Bandawe 半地堑西部为连续沉降，最西侧的边界断层（Fukamapiri 断裂）在层序沉积时一直保持活动，在层序Ⅱ沉积时活动最显著。而 Tukombo 断裂在层序Ⅰ和层序Ⅱ沉积过程中都显示了可观的生长性，在层序Ⅱ中尤为明显（图 8-16）。

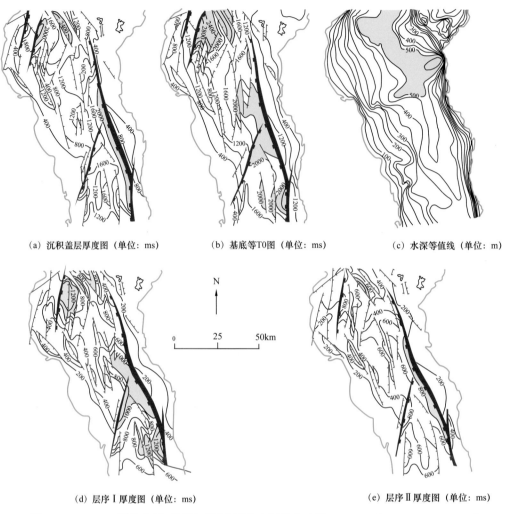

(a) 沉积盖层厚度图（单位：ms）　　　(b) 基底等T0图（单位：ms）　　　(c) 水深等值线（单位：m）

(d) 层序Ⅰ厚度图（单位：ms）　　　　　　　　(e) 层序Ⅱ厚度图（单位：ms）

图 8-15　Malawi 裂谷南部不同层系厚度图及水深分布（据 Flannery 和 Rosendahl，1990）

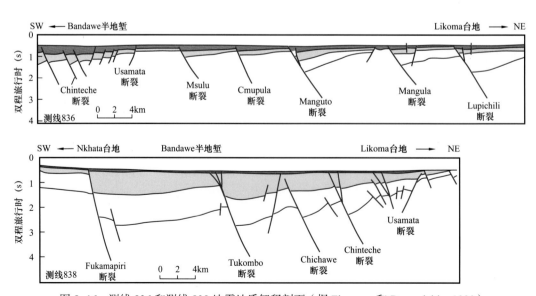

图 8-16　测线 836 和测线 838 地震地质解释剖面（据 Flannery 和 Rosendahl，1990）

根据地震基底的特征，认为该区的半地堑要比北部其他地区更为年轻，该区的基底以强振幅、低频率、3～5 套反射为特征，其反映了真实结晶基底的侵蚀地貌。基底反射在 Tanganyika 和 Turkana 湖的部分地区也具有相同的特点，在这两个地区，这种反射现象被解释为受到强烈侵蚀的结晶基底，在其上覆盖着土壤层所致。与北部半地堑有所不同，Bandawe-Metangula 半地堑内解释的基底之下并不存在沉积岩反射特征，因此可能为真实的基底地层。

Nkhata 台地处于测线 838 最西端之外，基底之上存在 0.6km 的沉积岩，弱反射带正处于基底之上，根据地震反射的特点，其可解释为粒度较粗的碎屑岩，可能为低水位期河流相进积越过台地的产物。弱反射带之上振幅更强、连续性更好的反射暗示着广阔湖盆的环境（图 8-17）。Nkhata 的测线 823 上，显示出了类似的反射特征（图 8-17），测线 823 上更厚的弱反射带可能是由于 Pomono 断裂活动量较大，沿其沉积的碎屑物质更多一些。

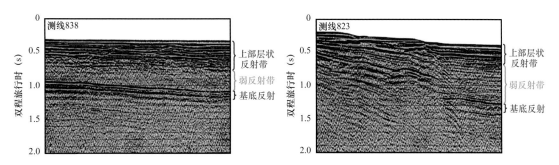

图 8-17　测线 838 与测线 823 放大剖面，显示 Nkhtata 台地上沉积特征（据 Flannery 和 Rosendahl，1990）

测线 921 从东南部 Bandawe 断裂延伸至北部的 Metangula 边界断层（图 8-18）。Metangula 边界断层最北端的沉积厚度约为 1.5km，但南端的地层厚度为 2.5km（图 8-15）。层序 I 反射界面上超于 Bandawe-Metangula 调节带基底之上，这种上超现象是对调节带两侧方向相反半地堑沉降的响应。上超反射反映了在盆地发展的早期阶段，Bandawe-Metangula 调节带的构造发展速度临时超过了沉积速度。两个相对地堑之间的层序对比关系显示，自该阶段的上超作用之后，该调节带对该区沉积作用影响很小。如测线 838 所示（图 8-16），断裂在层序 I 沉积时活动性较强，之后一直处于比较稳定的状态。一些断层仅切穿了层序 I，另一些断层在层序 I 中消失，表明 Malawi 湖裂陷运动具有阵发性或周期性的特征。

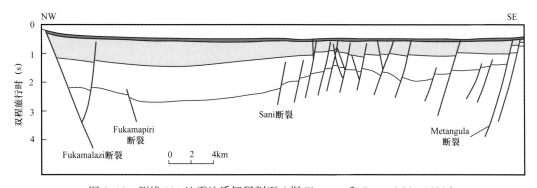

图 8-18　测线 921 地震地质解释剖面（据 Flannery 和 Rosendahl，1990）

砾石和扇积砾沿着 Metangula 边界断层向下倾泻,不规则的弱反射在测线 942 上有清晰的显示(图 8-19)。这种类型的地震反射在 Tanganyika 湖中曾经有记载,在 Malawi 和 Tanganyika 湖中都属于比较常见的现象。在基底反射之上,倾斜反射特征的沉积充填表明碎屑岩已经越过 Metangula 边界断层到达西侧 Tumbi 台地,基本可以肯定存在大型河流三角洲。在 Tanganyika 湖,台地区为河流碎屑岩进入湖盆的中转传输系统。另外一个大型进积倾斜反射在测线 942 上有所显示,其规模很大,长 5km,厚约 400m,正处于基底之上(图 8-19),可能为三角洲层序,应当主要形成于 Metangula 半地堑形成早期的低位体系域,而当时的湖水深度要比现在小很多。

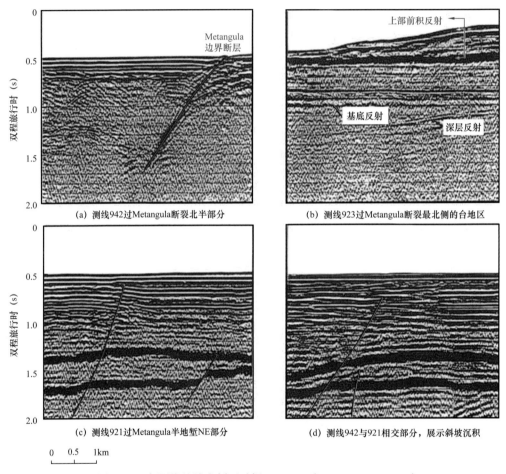

图 8-19 各测线的放大剖面(据 Flannery 和 Rosendahl,1990)

该地区北部的地震反射特征与 Malawi 湖北部其他地区观察到的反射特征非常类似。最底部层序为弱振幅反射,并且连续性要比上部强振幅反射的差很多。构造扰动和深度增加引起深部反射信噪比降低,再加上由于衰减和吸收,这可能使半地堑北部深层地震反射振幅较弱、连续性差产生的原因之一。但更可能的原因是沉积过程发生改变的结果,下部地层的反射特征是由于粗粒碎屑成分增多造成的,其是对裂陷早期的沉积响应,此时湖泊的深度要小得多,河流相充填扮演了更加重要的角色。裂谷盆地发育的早期阶段,裂谷河流对下部层序的控制作用在裂陷的北部要更重要些。

越过 Maniamba 台地，沉积盖层厚度向南不断增加，与 Metangula 边界断层中北部相邻。一个不规则的弱反射带和强振幅、连续性差的反射特征同时显示在测线 746 东部末端 Maniamba 台地基底之上（图 8-20）。这种现象在盆地其他位置的台地上都有反映，其被解释为粗粒的河流相。

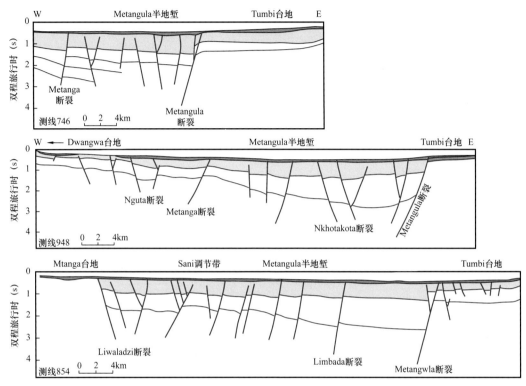

图 8-20　Bandawe-Metangula 半地堑内测线 746、测线 948 和测线 854 地震地层解释（据 Flannery 和 Rosendahl，1990）

沿 Metangula 边界断层沉积物反射特征的变化，为识别盆地的层序提供了依据。此处地震剖面的反射特征要比湖内其他地区变化性更强，垂向上强弱振幅交替出现，在地震测线 746 已有较清晰的显示。同样，向更靠北的位置，上部层序和下部层序的反射特征与该区并没有明显区别。实际上，仅有沉积层序的最上部 200～300ms 显示出强振幅、连续性强的特征，这与盆地北部最上部层序可以对比，表明此处发生了暂时性的沉积模式或沉积环境的变化。

水深资料显示，湖水深度在此处明显减小（图 8-15），上部 300ms 以上的地震反射特征显示出广阔的深湖环境，该环境在半地堑的北部可能是近期才形成。几项因素都会对下部层序的反射特征产生影响，持续出现的浅水环境导致陆源深水沉积物的发育程度较低。

在测线 948 的西部，Dwangwa 台地基底之上出现的转换带可以被理解为粗粒碎屑岩进积越过 Dwangwa 台地，此处与湖内其他台地之上的反射特征一致。这种连续性稍微好、强弱振幅垂向间互出现的特征，可能是由于碎屑组分从西侧入湖量减少的原因造成，而 Metanga 断层东侧的断块可能在一定程度上影响了沉积物的输送（图 8-20，测线 948）。紧邻 Metangula 边界断层基底振幅变弱和弱反射带的出现，可能表明断层下降盘形成了一个大型的楔状沉积物。沿着边界断层发育砾岩扇，在 Malawi 湖和 Tanganyika 湖是一个比较普遍的现象。在测线 948 上，Tumbi 台地之上沉积盖层厚度非常小，与北部的测线 746 相比，测线 948 台地属于长期继承性隆起，且隆起的幅度更高（图 8-20）。

向南部，沉积盖层厚度不断增加，在 Metangula 边界断层的最南端，沉积盖层厚度达到 2.5km（测线 854，图 8-20）。越过 Tumbi 台地，沉积盖层厚度向东持续增加，最大达到 1km，而紧邻 Metangula 边界断层上盘处最薄。

在 Bandawe-Metangula 地质区，由于湖水的深度更小，对由湖平面变化引起的沉积环境的改变更加敏感。在测线 854 上，Tumbi 台地上的基底之上存在一个弱反射带，该现象在 Malawi 湖比较常见。低位体系域通常使台地暴露，发生剥蚀作用，河流环境向着湖泊的轴向延伸；当湖平面上升时，广阔的湖盆环境越过台地，沉积了层状的湖相沉积。该过程与地震剖面上观察到的现象相符。

层序厚度图显示（图 8-15），在层序Ⅰ沉积时，主要的沉积中心位于 Metangula 边界断层最南端；而在层序Ⅱ沉积时，断层的活动回撤到东西方向。在测线 854 上（图 8-20），Liwaladzi 断裂带断面陡直，下盘沉积盖层厚度约为 1.5km，其明显受到 Metangula 边界断层的影响，沉积盖层，尤其是层序Ⅰ的厚度向 Metangula 断层明显增加。Liwakadzi 断裂可能属于一个幼年期的边界断层，其正在促进 Sani 调节带的形成。

四、Mwanjage-Mtaratara 地质区

Malawi 湖南部的两个半地堑与两条位于湖岸两侧陆上的边界断层有关（图 8-21）。该区主要沉积中心以 Mwanji 断层为中心展布。在南部存在一个大型低幅度隆起，而隆起的形成应当与 Mwanjage 边界断层密切相关（图 8-22）。该区沉积中心的面积较小，沉积盖层的厚度约为 2km，沉积中心的形成主要是沿着 Metangula 边界断层最南端沉降的结果。在该区的其他地区，沉积盖层的厚度约为 800m。

地震剖面上可以划分出三套地震层序（图 8-23）。一个浅层的不整合限定了最上部覆盖全盆的层序底面（对应 Usisya-Mbamba 地区的层序Ⅳ、其他地区的层序Ⅲ）。主要沉积中心的展布特征表明，Mwanjage 边界断层对 Malawi 裂谷南端的地形地貌具有决定性控制作用。结晶基底的反射特征与盆地北部相似，但其下不存在沉积岩反射特征，因此认为，在整个湖泊的南半部分，解释的基底顶面都代表真正的结晶基底顶面。

Mwanjage-Mtaratara 半地堑内存在一个大型翘倾断块（Benga 断块），其在测线 858 上有清晰显示（图 8-23），层序Ⅰ在此断块上超于基底，而层序Ⅲ很薄的楔状反射上超于层序Ⅰ顶面。台地上水深现今超过 200m（图 8-21），在低水位期，Benga 断块很可能将该区与 Mwanjage-Mtaratara 半地堑南部分隔开来，其现今为一限制盆地内沉积物搬运的重要屏障。该地区层序地震反射特征与 Metangula 半地堑最南端非常相似，湖岸的西侧有三条河流注入湖泊（图 8-3），提供了较充足的沉积物源，浅层地表之下的沉积，可能都受这三条河流控制。

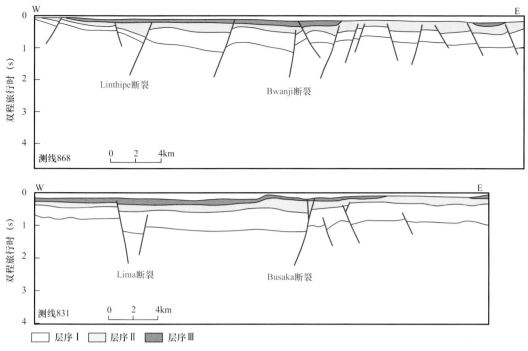

图 8-24 测线 858 与测线 831 地震地层解释剖面（据 Flannery 和 Rosendahl，1990）

把沉积区分隔开来的构造高地。而 Malawi 裂谷半地堑之间的连接带仅在特定的局部地区成为沉积物侧向输送的屏障。因此，总体上来看，Malawi 裂谷内相邻半地堑之间存在较广泛的沉积物交换，地层形成时间和沉积物源基本相似。

Tanganyika 裂谷和 Turkana 裂谷内次级凹陷通常由两个或更多相邻的沉积中心组成，它们之间由调节带连接，Malawi 裂谷情况与之类似，本质上属于完整半地堑的 Livingstone 除外。在 Tanganyika 裂谷各次级凹陷内，由于沉降速率、形成时间、碎屑物质供给等因素的不同，形成了岩性地层之间的基本区别（Rosendahl 等，1986），由于不同单元的构造复杂程度有所差异，造成不同沉积区之间存在差别。

在 Livingstone 半地堑，由于沿最主要边界断层发生了跷跷板式活动，因此其地震层序分布相对较为复杂，而 Bandawe 和 Metangula 半地堑内沉积中心的迁移可能与两个相反裂谷单元之间的跷跷板式运动有关。这两个不同单元之间的调节带对沉积物侧向输送并没有起到特别重要的阻碍作用，对沉积过程影响较小。

Bandawe 和 Usisya 边界断层由沿湖西侧边缘分布的若干单独断裂组成，沿不同断裂或者在它们之间发生了复杂的走滑和跷跷板式沉降作用，其直接影响了该区的地震地层分布。由于调节带的存在，在 Usisya 和 Mbamba 半地堑构成的沉积区，地堑结构更加复杂，调节带将地堑分隔为东部凹陷和西部凹陷两部分。调节带中部和南部对盆地尺度的沉积物侧向输送产生了重要影响，构成了侧向输送的屏障。这些构造高地对沉积的影响作用可以与 Tanganyika 裂谷和 Turkana 裂谷中的调节带相对比。

在 Tanganyika 和 Turkana 裂谷盆地，裂谷肩部地形地势限制了沉积物向湖盆中的输送，紧邻边界断层的翘倾断块通常影响水系入湖，而半地堑的斜坡通常有利于水系入湖，

Malawi 湖的北部与该情形相仿。在 Malawi 裂谷北部，大型裂谷山系紧邻边界断层发育，使水系不能顺利流入湖泊。虽然也有一些小型河流下切断层崖，将边界断层的砾石带入湖泊（通过 Livingstone 扇小型冲积扇和粗粒沉积物进积入湖的卫星影像可知）。但绝大多数流量较大河流从半地堑的斜坡部位入湖，将碎屑物向盆地深部边界断层一侧输送。在 Malawi 裂谷的北部，主要有 Kiwira 河、北 Ruhuhu 河、Songwe 河等，它们从 Livingstone 半地堑斜坡部位入湖；Ruhuhu 河（很明显受 Ruhuhu 地堑的影响）和 Bua 河分别从 Usisya 和 Metangula 半地堑的斜坡部位入湖；与此相似，Lilongwe 河和 Linthipe 河进入 Mtakataka 半地堑的北部，从半地堑斜坡入湖。

Tanganyika 裂谷中的构造台地是河流碎屑岩进入湖泊的主要地点之一，在 Malawi 裂谷中也是如此。在 Malawi 裂谷中部的 Usisya–Mbamba 地质区，Nkhata 台地处于两个半地堑之间，南北两侧分别为 Usisya 和 Bandawe 边界断层。一条规模相对较大的河流从此处入湖，从地震剖面上，可以明显地观察到河流相碎屑沉积越过台地进入湖泊。稍向南侧，Dwangwa 河越过 Dwangwa 台地进入湖泊。台地上沉积物的反射特征和 Metangula 半地堑北部的进积斜坡反射表明，河流碎屑岩已经越过北部的 Likoma 台地进入湖泊。

很明显，裂谷地貌对入湖水系产生了广泛的影响。然而，现今 Malawi 裂谷大多数主要河流从西侧进入湖泊。裂谷形成初期，地区性水系分布模式是产生这种现象的原因。但这种模式由于裂谷的沉降作用而被打乱，其他先存构造如 Ruhuhu 地槽，同样影响了河流入湖的方式，可以认为：先存构造和区域性的水系格局控制了主要河流的分布特点，而裂谷结构的演化则控制了河流入湖的具体路径。

Dixey（1946）认为 Malawi 裂谷的裂陷时间为中新世，该结论主要基于对区域侵蚀面的推断得出。Crossley 和 Crow（1980）通过研究裂谷边界构造的位移和侵蚀，推断初始裂谷沉降的时间为上新世。PROBE 项目活塞取心的结果认为，Malawi 裂谷现代的沉积速率为 0.4mm/a。若对整个沉积岩体运用该沉积速率进行推算，再对压实进行适当校正，就可以得到最初裂谷沉降的最小年龄，即为中新世晚期。如果考虑沉积缺失，这样推算出的裂谷起始发育时间还要更早一些。

地震资料显示，Malawi 裂谷北部的年龄要比南部更老一些，尽管北部地区相比南部有更多的河流入湖，但北部沉积厚度更大主要缘于更大的沉积速率。事实上，水深更小的南部盆地更有可能在湖水的低位期发生暴露和侵蚀作用，而水深更大的北部盆地一直处于沉积中心。Usisya 和 Bandawe 半地堑内的地震层序对比关系表明，Usisya 半地堑层序 II 沉积之后，Bandawe 半地堑才开始发育。在 Malawi 湖的南部，对比最大沉降区的分布特点、沉积岩厚度水深的分布趋势，可以得出该区正处于裂谷发育早期阶段的结论，诸多证据都表明裂谷带由南向北变老。

地震资料记录了裂谷发育历史中湖平面的极端变化历史，波动的湖平面形成了湖侵和湖退沉积旋回，河流和湖泊环境发生变换。这些变化可能是由于构造变化引起，但气候变化可能是最主要的控制因素。主要的湖平面变化应当对应主要的层序界面，主要通过削截或顶超、退覆、下超等方式反映出来，而跷跷板式的沉降是第二位的控制因素。

通过历史数据和考古资料已经可以建立 Malawi 湖的湖平面变化历史。Owen 等

（1990）通过湖泊最南端的取心项目和水平衡之间的关系，对 Malawi 湖最后一次重要的低水位期的古环境进行重建。Scholz 和 Rosendahl（1998）对层序Ⅲ（在 Usisya-Mbamba 地区为层序Ⅳ）底面不整合的削截和上超的界面进行标定成图，通过这些工作建立了 Malawi 湖 50000～150000 年以来的湖平面变化历史（图 8-25）。

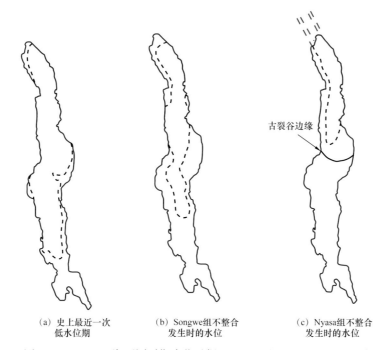

（a）史上最近一次　　　　（b）Songwe组不整合　　　（c）Nyasa组不整合
　　　低水位期　　　　　　　　发生时的水位　　　　　　发生时的水位

图 8-25　Malawi 湖不同时期水位（据 Flannery 和 Rosendahl，1990）

在 Usisya 地堑内的古地理重建工作，其分别围绕层序Ⅰ和层序Ⅱ之间的界面展开。如果按照 0.4mm/a 的沉积速率计算，最大沉积厚度需要的时间大致为 5Ma。如果把沉积压实和沉积间断都考虑进去，层序Ⅰ的顶面（Nyasa 角度不整合）大致形成于中新世中期，大体上为非洲侵蚀旋回的时代，这次运动在 Malawi 地区影响广泛。

层序之间的关系显示，在到层序Ⅰ顶部的不整合发生之前，裂谷南部并没有发生显著的沉降作用。因此，层序Ⅰ的大体分布界限就标志着裂谷盆地当时向南部延伸的范围（图 8-25）。Livingstone 半地堑内的层序接触关系表明，在裂谷初始发育阶段，湖盆的范围向北延伸范围更广。在裂谷发展的早期阶段，由于湖盆面积和深度较小，构造和气候的影响可能使其水深的变化更容易受到影响。对侵蚀边界，即 Malawi 湖北部层序Ⅰ顶部 Nyasa 不整合的成图，揭示了古湖水低位期阶段大致的湖岸位置。总体来看，图 8-24 显示了 Malawi 湖三个阶段的演化过程。

在裂谷发育的早期阶段，沉积环境与现今存在重大差别。广阔深湖沉积仅存在于现今 Livingstone 半地堑内沉降幅度较大的地区，可能在 Usisya-Mbamba 半地堑内不发育深湖环境。Bandawe 地质区底部层序Ⅰ整体地震反射特征和内部的进积现象表明，河流相在该层系发育的早期阶段占有非常重要的地位。在北部地区，下部层序反射特征显示出类似的沉积环境。

第四节　基本石油地质条件

一、烃源岩

由于 Malawi 裂谷现今尚未有深层钻井资料，现有的烃源岩发育情况仅能依靠地震剖面的反射特征、盆地的沉降沉积历史、浅层的钻井资料，同时结合与相似盆地进行类比推测。

Scholz 等（2011）通过 Malawi 裂谷的浅层钻井研究，对 Malawi 裂谷 14.5 万年以来的古气候进行了详细分析。而古气候记录包含岩性、地球化学、岩石物理等，发现在 6 万～14.5 万年之间气候发生了剧烈的波动变化，几次严重的干旱事件使 Malawi 湖的容量减小了 95%（Scholz 等，2011）。通过一段长为 90m 的浅层钻井取心，建立了 Malawi 裂谷 14.5 万年以来气候变化与岩性、TOC 含量等指标之间的联系（图 8-26）。

可以看出，浅层的岩性以泥岩为主，夹薄层砂岩，泥岩段 TOC 含量较高，总体都在 3% 之上，局部层段超过 6%（图 8-26），若埋深足够大，其可成为良好的油气源岩。TOC 含量测定显示，低密度段总体对应的 TOC 都较高，而密度较高段 TOC 含量较低，但碳酸钙含量较高，Ca 离子含量也较高。

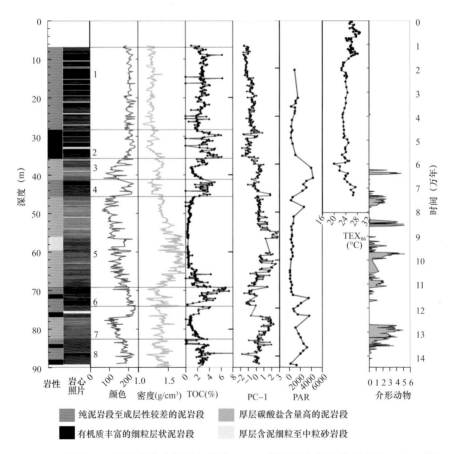

图 8-26　Malawi 裂谷 14.5 万年以来古气候与岩性、TOC 等指标之间的关系（据 Scholz 等，2011）

同时，他们还建立了 Malawi 裂谷 14.5 万年以来湖平面变化与 TOC 含量之间的对应关系（Scholz 等，2011）。总体看来，湖平面较高时，岩心对应的 TOC 含量较高，最大可超过 6%；当湖水水位较低时，TOC 含量较低，几次明显的湖水低位期都对应低 TOC 含量段。最严重的一次湖水低位期发生于 9 万～11.5 万年之间，此时 TOC 含量最低，仅为0.5%。TOC 最高的层段通常紧邻湖水低位期层序顶面发育（图 8-27）。

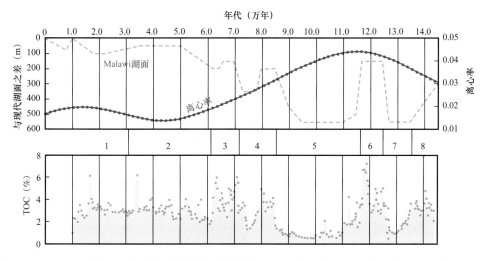

图 8-27　Malawi 裂谷 14 万年以来湖平面变化及其与 TOC 含量之间的关系（据 Scholz 等，2011）

而 Malawi 裂谷在形成的历史中，曾经历了多个气候变化与湖平面变化的旋回，自1.6Ma 以来，就经历了 0.42Ma 的高水位期和 0.25—0.12Ma 的低水位期（图 8-28）。根据盆地内层序的特征可以推断，在裂谷形成的前期，仍存在多次湖平面变化旋回。因此在湖水从低位期向高位期转换的界面附近，可发育优质烃源岩段。

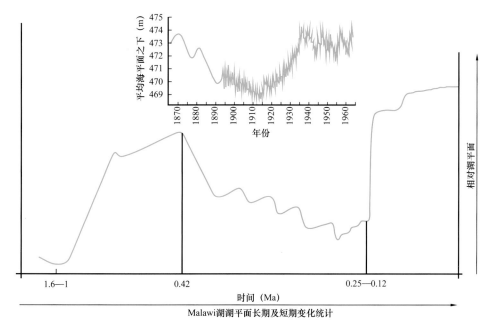

图 8-28　Malawi 湖湖平面长期及短期变化统计

二、储层

Lyons 等（2011）曾结合浅层钻井资料和地震资料，对 Malawi 裂谷第四系上部地层开展了系统研究。他们在地震剖面上识别出三个水位变化旋回，进积三角洲和侵蚀削截的反射标志着层序的界面，每个层序界面都对应着较大幅度的湖平面下降（至少比现今湖面低 200m），每个层序都代表了一个完整的湖平面变化旋回。结合层序内部反射特征，实现了对这几套浅层层序的全盆地追踪，并在此基础上实现了对浅层低水位期三角洲的刻画（图 8-29）。每一个主要的湖水低位期之后，都紧接着发育进积作用，并进入湖水高位期。在某些极端的情况下（约 16 万年时），盆地北部湖水要比现代浅大约 500m，在盆地中部要浅 550m。与现代 Malawi 湖相比，湖水量减小 95%，湖水面积减小 89%，几乎全部干涸。湖平面波动对沉积产生了明显的影响，在岩心上的证据主要包括密度、伽马值和 TOC 含量等指标的变化（图 8-27）。在湖水低位期，密度值加倍，但是 TOC 的值从 6% 下降至 0.5%。在湖水高位期时，由于入湖水量的增加，沉积物供应量增加，入湖的有机质数量也相应增加。同时，粗粒组分可输送至盆地更深部位。

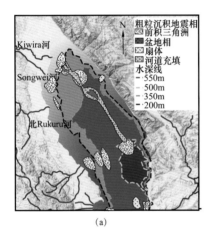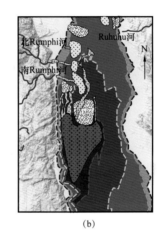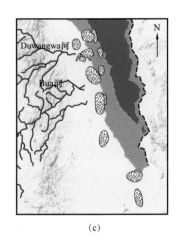

图 8-29　最近一次低水位期与紧邻的湖侵期间的粗粒沉积物分布

Malawi 湖浅层低位体系域和海侵体系域（层序 I）粗粒沉积分布，不同颜色虚线代表不同水位范围

Scholz（1995）对 Malawi 裂谷的浅层低位体三角洲也进行了识别划分，结果表明，在裂谷盆地斜坡和轴向边缘发育了良好的进积体系。陡峭的调节带边缘形成的粗粒沉积物广泛分布，而不像其他类型三角洲那样集中，进积的朵叶体连续性也不强。大型边界断层三角洲的岩性和结构最复杂，其包含进积三角洲、扇三角洲和分布广泛的水下扇等多种类型亚相。湖水低位期形成的斜坡三角洲体积大、内部结构分选好，进积的朵叶体可能处于深水环境，与有机质含量高的湖相泥岩相接触的概率增大，成藏条件好，可能是最有利的勘探目标。

Malawi 裂谷沉积相平面分布非常复杂（图 8-30），沿湖东西两侧的边界断层均有砂体发育，浊积砂体分布于较陡的边界断层上盘，在盆地的南部有鲕粒滩发育，盆地北部和中部均有浊积扇发育。

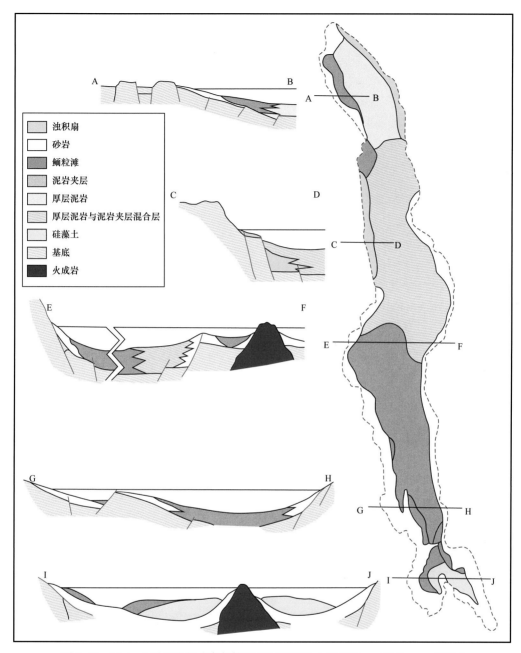

图 8-30　Malawi 裂谷岩相分布与构造之间的关系（据 Willams 和 Owen，1992）

三、盆地热流

从 Malawi 裂谷及周边的热流分布可以看出，总体背景热流值介于 25～50mW/m²，裂谷范围内介于 50～75mW/m²（图 8-31）。局部存在热流高点，介于 75～100mW/m²，地温梯度与 Tanganyika 裂谷非常相似，热流值较高处温泉发育程度高。估算盆地热流介于 50～75mW/m²，地温梯度约为 3.0℃/100m，总体较高的热流值对有机质生烃演化非常有利。

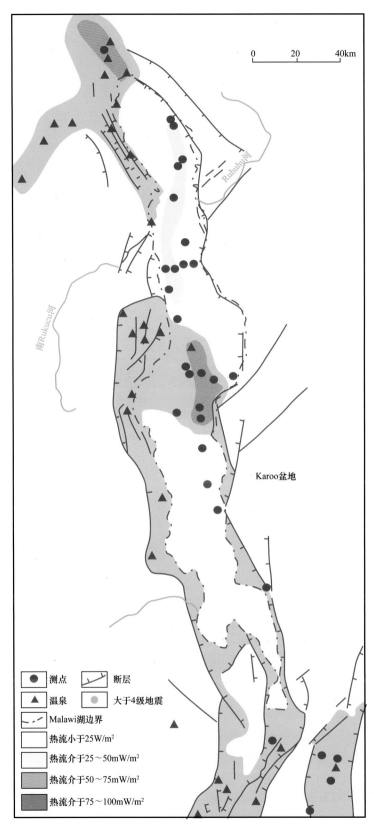

图 8-31　Malawi 裂谷盆地热流分布（据 Lysak，1992）

第五节　勘探潜力分析与勘探方向

一、Livingstone 半地堑

总体来讲，Malawi 裂谷中北部的石油地质条件好于南部地区，盆地南部沉积盖层的厚度太薄，难以满足烃源岩大规模成熟生烃的条件。从 Livingstone 半地堑沉积盖层厚度图可以看出，最大沉积厚度为 4400ms（图 8-5），沉积盖层厚度超过 2000ms 的面积接近 1600km²，沉积盖层的厚度展布特征与层序 I 特征相近，层序 I 的最大厚度可达 3200ms。足够的沉积盖层厚度特征可满足成熟大规模生烃条件。

Livingstone 半地堑的地震剖面特征表明，层序 I 总体表现为不连续、弱振幅的反射特征。一般来讲，这种不连续、弱振幅的反射是成层性较差的粗粒河流相沉积的反映。在裂谷盆地发育的早期，河流注入浅水湖泊环境，可能形成层序 I 的这种地震反射特征。

在 Livingstone 半地堑内，Livingstone 边界断层对沉积的控制作用较强，地层与边界断层接触角度较陡，且层序 I 自西向东增厚的幅度大，可能在边界断层附近，有深湖相烃源岩发育。因此其具有一定的勘探潜力，相对而言，东北角潜力最大，即围绕层序 I 沉积中心附近。

二、Usisya-Mbtanmba 地质区

Usisya-Mbtanmba 半地堑沉积盖层最大厚度约为 3200ms，沉积中心靠近西侧边界断层，沉积盖层厚度超过 2000ms 的范围面积约为 1960km²，沉积中心被断层分割严重，形成若干小型的沉积中心。但此处存在与 Livingstone 半地堑相似的问题，即下部层系厚度较大，但基本以粗粒沉积为主，潜在泥质烃源岩发育程度偏低，上部层系虽然发育烃源岩，但可能并不能进入成熟生烃阶段，在很大程度上影响了盆地的勘探潜力。

与 Livingstone 半地堑的情况类似，在 Usisya-Mbtanmba 半地堑内，层序 I 的反射特征也主要为不连续、弱振幅反射，应当为粗粒河流相的反映。在该半地堑内，略呈平底锅状格局，边界断层处与其他地区沉积盖层的厚度差别并不大。推测沉积相平面变化不会太大（测线 724、测线 813，图 8-32），整个剖面的下部层序 I 以粗粒沉积为主，推测泥质成分发育偏少。东非裂谷西支的 Albertine 地堑受双侧边界断层控制，也基本呈平底锅状构造格局。但与 Malawi 裂谷不同，Albertine 裂谷紧邻同裂谷期最下部的地层总体为强振幅、高连续反射特征，这种反射特征与 Waki-B1 井向上变浅的次级层序对应，其主要由有机质含量高的页岩组成，中间夹薄层砂岩。地震追踪表明，该套层序的厚度介于 6～64m，Waki-B1 井有机质含量较高的一段发育于临近 Kisegi 底面处，厚度约为 58m。这种地震反射特征的差别说明，即使在构造类型基本相似的盆地内，其沉积充填也可能存在较大差别。

此外，结合 Livingstone 半地堑和 Usisya-Mbamba 半地堑内层序 I 顶部的削截不整合等特征，认为在层序 I 沉积时，基本处于近补偿与超补偿状态，层序 I 沉积后盆地水体深度较小，并且在高部位发生了广泛的剥蚀作用，形成了一系列削截不整合。

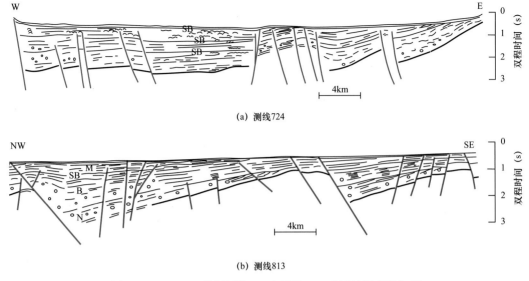

（a）测线724

（b）测线813

图 8-32　Malawi 裂谷测线 724 和测线 813 地震地层岩性解释

三、盆地南部地区

　　而 Malawi 裂谷南部的 Bandawe–Metangula 和 Mwanjage 和 Mtaratara 地质区，由于沉积盖层的厚度过小，普遍小于 2000ms（约为 2000m），且一般层序底部都发育粗粒沉积，之上才有有效烃源岩，烃源岩的埋深并不能满足成熟生烃的要求，因此油气勘探潜力较小。

参 考 文 献

刘震，邵新军，金博，等，2007.压实过程中埋深和时间对碎屑岩孔隙度演化的共同影响［J］.现代地质，21（1）：125-132.

温志新，童晓光，张光亚，等，2012.东非裂谷系盆地群石油地质特征及勘探潜力［J］.中国石油勘探，17（4）：60-65.

张兴，童晓光，2001.艾伯特裂谷盆地油油气远景评价—极低勘探程度盆地评价实例［J］.石油勘探与开发，28（2）：102-106.

Aanyu K，Koehn D，2011. Influence of pre-existing fabrics on fault kinematics and rift geometry of interacting segments：Analogue models based on the Albertine Rift（Uganda），Western Branch-East African Rift System［J］. Journal of African Earth Sciences，59（2-3）：168-184.

Abeinomugisha D，Kasande R，2012. Tectonic control on hydrocarbon accumulation in the intracontinental Albertine Graben of the East African Rift System［J］. AAPG Memoir，9（100）：14-21.

Abeinomugisha D，Obita P，2011. Petroleum exploration and development in a frontier，remote rift basin：The Albertine Graben of the East African Rift System［J］. Search and Discovery Article，（10368）：1-10.

Allen K，Gunderson K，Berke M，et al，2010. Lake Tanganyika paleoclimate and deforestation impacts inferred from sediment core data［R］.https：//www.geo.arizona.edu/nyanza/pdf/2006/Allen,%20 Gunderson,%20Berke%20and%20Mcheni.pdf.

Bateman M D，Carr A S，Dunajko A C，et al，2011. The evolution of coastal barrier systems a case study of the Middle-Late Pleistocene Wilderness barriers，South Africa［J］. Quaternary Science Reviews,30（1-2）：63-81.

Bellieni G，Justin-Vicentin E，Zanettin B，et al，1981. Oligocene transitional tholeiitic magmatism in northern Turkana（Kenya）：comparison with the coeval Ethiopian volcanism［J］. Bulletin of Volcanology，44（3）：411-427.

Bergman K L，2005. Seismic analysis of paleocurrent features in the Florida Straits：Insights into the paleo-Florida Current，upstream tectonics，and the Atlantic-Caribbean connection［M］. Miami：University of Miami.

Bosworth W，1992. Mesozoic and early Tertiary rift tectonics in East Africa［J］. Tectonophysics，209（1-4）：115-137.

Burden P，2007. Alluvial，fluvial and lacustrine reservoirs charged by lacustrine source rocks，Albert Rift Basin，western Uganda［R］. London：Tullow Oil Plc.

Ceramicola S，Rebesco M，De Batist M，et al，2001. Seismic evidence of small-scale lacustrine drifts in Lake Baikal（Russia）［J］. Marine Geophysical Researches，22（5-6）：445-464.

Chorowicz J，1992. The role of ancient structure in the genesis and evolution of the East African Rift［J］. Bulletin de la Societe Geologique de France，163（3）：217-227.

Chorowicz J，2005. The East African rift system［J］. Journal of African Earth Sciences，43（1-3）：379-410.

Chorowicz J, Collet B, Bonavia F, et al, 1998. The Tana Basin, Ethiopia : intra-plateau uplift, rifting and subsidence [J]. Tectonophysics, 295 (3-4): 351-367.

Chorowicz J, Le Fournier J, Vidal G, 1987. A model for rift development in Eastern Africa [J]. Geological Journal, 22 (S2): 495-513.

Cohen A S, 1989. Facies relationships and sedimentation in large rift lakes and implications for hydrocarbon exploration : Examples from lakes Turkana and Tanganyika [J]. Palaeogeography, Palaeoclimatology, Palaeoecology, 70 (1-3): 65-80.

Cohen A, Soreghan M, Schotz C, 1993. Estimating the age of formation of lakes : An example from Lake Tanganyika, East African Rift system [J]. Geology, 21 (6): 511-514.

Cohen A, Thouin C, 1987. Nearshore carbonate deposits in Lake Tanganyika [J]. Geology, 15 (15): 141-418.

Contreras J, Scholz C H, 2001. Evolution of stratigraphic sequences in multisegmented continental rift basins : Comparison of computer models with the basins of the East African rift system [J]. AAPG Bulletin, 85 (9): 1565-1581.

Corti G, van Wijk J, Cloetingh S, et al, 2007. Tectonic inheritance and continental rift architecture : Numerical and analogue models of the East African Rift system [J]. Tectonics, 26 (6): 1-13.

Daly M C, Chorowicz J, Fairhead J D, 1989. Rift basin evolution in Africa : the influence of reactivated steep basement shear zones [J]. Geological Society London Special Publications, 44 (1): 309-334.

Delvaux D, 2001. Tectonic and palaeostress evolution of the Tanganyika-Rukwa-Malawi rift segment, East African Rift System [J]. Peri-Tethys Memoir 6: 545-567.

Delvaux D, Kervyn F, Macheyeki A S, et al, 2012. Geodynamic significance of the TRM segment in the East African rift (W-Tanzania): Active tectonics and paleostress in the Ufipa plateau and Rukwa basin [J]. Journal of Structural Geology, 37: 161-180.

Delvaux D, Levi K, Kajara R, et al, 1992. Cenozoic paleostress and kinematic evolution of the Rukwa-North Malawi Rift Valley (East African Rift System)[J]. Bulletin des Centres de Recherche Exploration-Production Elf-Aquitaine, 16 (2): 383-406.

Dixey F, 1946. Erosion and tectonics in the East African Rift Systerm [J]. Quarterly Journal of the Geological Society, 102 (1-4): 339-388.

Dou L R, Wang J J, Cheng D S, et al, 2004. Geological conditions and petroleum exploration potential of the Albertine Graben of Uganda [J]. Acta Geologica Sinica, 78 (4): 1002-1010.

Ebinger C J, 1989a. Tectonic development of the western branch of the East African rift system [J]. Geological Society of America Bulletin, 101 (7): 885-903.

Ebinger C, 1989b. Geometric and kinematic development of border faults and accommodation zones, Kivu-Rusizi Rift, Africa [J]. Tectonics, 8 (1): 117-133.

Ebinger C, Crow M, Rosendahl B R, et al, 1984. Structural evolution of Lake Malawi [J]. Nature, 308 (5960): 627-629.

Eccles D H, 1974. An outline of the physical limnology of Lake Malawi (Lake Nyasa)[J]. Limnology and

Oceanography, 19（5）: 730-742.

Faugères J C, Gonthier E, Mulder T, et al, 2002. Multi-process generated sediment waves on the Landes Plateau（Bay of Biscay, North Atlantic）[J] . Marine Geology, 182（3）: 279-302.

Faugères J C, Stow D A V, Imbert P, et al, 1999. Seismic features diagnostic of contourite drifts [J] . Marine Geology, 162（1）: 1-38.

Fitch F, Hooker P, Miller J, et al, 1985. Reconnaissance potassium-argon geochronology of the Suregei-Asille district, northern Kenya [J] . Geological Magazine, 122（6）: 609-622.

Flannery J W, Rosendahl B R, 1990. The seismic stratigraphy of Lake Malawi, Africa : implications for interpreting geological processes in lacustrine rifts [J] . Journal of African Earth Sciences, 10（3）: 519-548.

Frostick L E, Reid I, 1990. Structural control of sedimentation patterns and implication for the economic potential of the East African Rift basins [J] . Journal of African Earth Sciences, 10（1）: 307-318.

Furman T, 1995. Melting of metasomatized subcontinental lithosphere : undersaturated mafic lavas from Rungwe, Tanzania [J] . Contributions to Mineralogy and Petrology, 122（1-2）: 97-115.

Guiraud R, Bosworth W, Thierry J, et al, 2005. Phanerozoic geological evolution of Northern and Central Africa : An overview [J] . Journal of African Earth Sciences, 43（1）: 83-143.

Hardenbol J, Thierry J, Farley M, et al, 1998. Mesozoic and Cenozoic stratigraphy of European basins [J] . SEPM Special Publication 60: 786.

Hautot S, Tarits P, Whaler K, et al, 2000. Deep structure of the Baringo Rift Basin（central Kenya）from three-dimensional magnetotelluric imaging : Implications for rift evolution [J] . Journal of Geophysical Research, 105（B10）: 23493-23518.

Heezen B C, 1959. Dynamic processes of abyssal sedimentation : erosion, transportation, and redeposition on the deep-sea floor [J] . Geophysical Journal International, 2（2）: 142-172.

Heezen B C, Hollister C, 1964. Deep-sea current evidence from abyssal sediments [J] . Marine Geology, 1（2）: 141-174.

Hendrie D B, Kusznir N J, Morley C K, et al, 1994. Cenozoic extension in northern Kenya : a quantitative model of rift basin development in the Turkana region [J] . Tectonophysics, 236（1-4）: 409-438.

Hoffman C, Courtillot G, Feraud G, et al, 1997. Timing of the Ethiopian flood basalt event and implications for plume birth and global change [J] . Nature, 389: 838-841.

Hopgood A M, 1970. Structural reorientation as evidence of basement warping associated with rift faulting in Uganda [J] . Geological Society for America Bulletin, 81（11）: 3473-3480.

Huc A Y, Le Fournier J, Vandenbroucke M, et al, 1990. Northern Lake Tanganyika : an example of organic sedimentation in an anoxic rift lake [M] //Katz B J E. Lacustrine basin exploration : case studies and modern analogs. AAPG Memoir 50, Memoir American Association of Petroleum Geologists.

Hughes G, Varol O, Beydoun Z, 1991. Evidence for Middle Oligocene rifting of the Gulf of Aden and for Late Oligocene rifting of the southern Red Sea [J] . Marine and Petroleum Geology, 8（3）: 354-358.

Kampunzu A, Mohr P, 1991. Magmatic evolution and petrogenesis in the East African Rift System [M] // Kampunzu A L R. Magmatism in extensional structural settings. Berlin : Springer-Verlag.

Karnera G D, Byamungu B R, Ebinger C J, et al, 2000. Distribution of crustal extension and regional basin architecture of the Albertine rift system, East Africa [J]. Marine and Petroleum Geology, 17 (10): 1131-1150.

Karp T, Scholz C A, Mcglue M M, 2012. Structure and stratigraphy of the Lake Albert Rift, East Africa : observations from seismic reflection and gravity data [J]. AAPG Memoir 95: 299-318.

Kilembe E A, Rosendahl B R, 1992. Structure and stratigraphy of the Rukwa rift [J]. Tectonophysics, 209 (1-4): 143-158.

Kreuser T, Semkiwa P M, 1987. Geometry and depositional history of a Karoo (Permian) Coal basin (Mchuchuma'Ketewaka) in SW-Tanzania [J]. Neues Jahrbuch fuer Geologie und Palaontologie Monatshefte, 2: 69-98.

Kreuser T, Wopfner H, Kaaya C Z, et al, 1990. Depositional evolution of Permo-Triassic Karoo basins in Tanzania with reference to their economic potential [J]. Journal of African Earth Sciences, 10 (1-2): 151-167.

Laberg J S, Dahlgren T, Vorren T O, et al, 2001. Seismic analyses of Cenozoic contourite drift development in the Northern Norwegian Sea [J]. Marine Geophysical Researches, 22 (5-6): 401-416.

Lerdal T, Talbot M R, 2002. Basin neotectonics of Lakes Edward and George, East African Rift [J]. Palaeogeography, Palaeoclimatology, Palaeoecology, 187 (3): 213-232.

Lyons R P, Scholz C A, Buoniconti M R, et al, 2011. Late Quaternary stratigraphic analysis of the Lake Malawi Rift, East Africa : An integration of drill-core and seismic-reflection data [J]. Palaeogeography, Palaeoclimatology, Palaeoecology, 303 (1-4): 20-37.

Lysak S V, 1992. Heat flow variations in continental rifts [J]. Tectonophysics, 208 (1-3): 309-323.

Macgregor D, 2015. History of the development of the East African Rift System : A series of interpreted maps through time [J]. Journal of African Earth Sciences, (101): 232-252.

Maldonado A, Balanyá J C, Barnolas A, et al, 2000. Tectonics of an extinct ridge-transform intersection, Drake Passage (Antarctica) [J]. Marine Geophysical Researches, 21 (1-2): 43-68.

McGlue M M, Scholz C A, Karp T, et al, 2006. Facies achitecture of flexural margin lowstand delta deposits in Lake Edward, East African Rift : constraints from seismic reflection imaging [J]. Journal of Sedimentary Research, 76 (6): 942-958.

Mège D, Korme T, 2004. Dyke swarm emplacement in the Ethiopian large igneous province : not only a matter of stress [J]. Journal of Volcanology and Geothermal Research, 2004, 132 (4): 283-310.

Melnick D, Garcin Y, Quinteros J, et al, 2012. Steady rifting in northern Kenya inferred from deformed Holocene lake shorelines of the Suguta and Turkana basins [J]. Earth and Planetary Science Letters, 331: 335-346.

Morley C K, Cunningham S M, Harper R M, et al, 1992. Geology and geophysics of the Rukwa rift, East African [J]. Tectonics, 11 (1): 69-81.

Mpanju F, Ntomola S, Kagya M, 1991. The source rock potential of the Karroo coals of the south western Rift Basin of Tanzania [J]. Journal of Southeast Asian Earth Sciences, 5 (1-4): 291-303.

Mugisha F, Ebinger C J, Strecker M, et al, 1997. Two-stage rifting in the Kenya Rift : Implications for half-graben models [J]. Tectonophysics, 278 (1-4): 61-81.

O'Connor P M, Gottfried M D, Stevens N J, et al, 2006. A new vertebrate fauna from the Cretaceous Red Sandstone Group, Rukwa Rift Basin, Southwestern Tanzania [J]. Journal of African Earth Sciences, 44 (3): 277-288.

Owen R B, Crossley R, Johnson T C, et al, 1990. Major low levels of Lake Malawi and their implications for speciation rates in Cichlid fishes [J]. Proceedings of the Royal Society of London, 240 (1299): 519-553.

Peirce J, Lipkov L, 1988. Structural interpretation of the Rukwa rift, Tanzania [J]. Geophysics, 53 (6): 824-836.

Pickford M, 1982. The tectonics, volcanics and sediments of the Nyanza Rift Valley [J]. Zeitschrift fuer Geomorphologie N.F., 42: 1-33.

Pickford M, Senut B, Hadoto D, 1993. Geology and palaeobiology of the Albertine Rift Valley Uganda-Zaire [J]. Geology, (1): 179.

Reynolds D J, 1984. Structural and dimensional repetition in continental rifts [D]. Durham, NC : Duke University.

Reynolds D J, Rosendahl B R, 1984. Tectonic expressions of continental rifting (abstract) [J]. Transations American Geophysical Union, 65: 1116.

Roberts E M, O'Connor P M, Gottfried M D, et al, 2004. Revised stratigraphy and age of the Red Sandstone Group in the Rukwa Rift Basin, Tanzania [J]. Cretaceous Research, 25 (5): 749-759.

Roller S, Hornung J, Hinderer M, et al, 2010. Middle Miocene to Pleistocene sedimentary record of rift evolution in the southern Albert Rift (Uganda) [J]. International Journal of Earth Sciences, 99 (7): 1643-1661.

Rosendahl B R, 1987. Architecture of continental rifts with special reference to East Africa [J]. Annual Review of Earth and Planetary Sciences, 15 (1): 445-503.

Rosendahl B R, Kilembe E, Kaczmarick K, 1992. Comparison of the Tanganyika, Malawi, Rukwa and Turkana rift zones from analyses of seismic reflection data [J]. Tectonophysics, 213 (1-2): 235-256.

Rosendahl B R, Livingstone D A, 1983. Rift lakes of East Africa : New seismic data and implications for future research [J]. Episodes, 83 (1): 14-19.

Rosendahl B R, Reynolds D J, Lorber P M, et al, 1986. Structural expressions of rifting : Lessons from Lake Tanganyika, Africa [J]. Geological Society, London, Special Publications, 25 (1): 29-43.

Sander S, Rosendahl B R, 1989. The geometry of rifting in Lake Tanganyika, East Africa [J]. Journal of African Earth Sciences, 8 (2): 323-354.

Schlueter T, 1997. Structural evolution of the East African Rift System [M] // Bender F, Jacobshagen V, Luettig G. Geology of East Africa, Berlin, Stuttgart : Gebrueder Boerntraeger : 265-301.

Scholz C A, 1995. Deltas of the Lake Malawi Rift, East Africa : Seismic expression and exploration implications [J]. AAPG Bulletin, 79 (11): 1679-1697.

Scholz C A, Cohen A S, Johnson T C, et al, 2011. Scientific drilling in the Great Rift Valley : The 2005 Lake Malawi Scientific Drilling Project-An overview of the past 145, 000 years of climate variability in Southern Hemisphere East Africa [J] . Palaeogeography, Palaeoclimatology, Palaeoecology, 303 (1-4): 3-19.

Scholz C A, Rosendahl B R, Scott D L, 1990. Development of coarse-grained fades in lacustrine rift basins : Examples from East Africa [J] . Geology, 18 (2): 140-144.

Scholz C W, Rosendahl B R, 1988. Delineation of low-stands in Lakes Malawi and Tanganyika from multifold seismic reflection data [J] . Science, 240: 1645-1648.

Shepard F P, Marshall N F, McLoughlin P A, et al, 1979. Currents in submarine canyons and other seavalleys [J] . AAPG Special Volumes.

Smith M, Mosley P, 1993. Crustal heterogeneity and basement influence on the development of the Kenya rift, East African [J] . Tectonics, 12 (2): 591-606.

Stommel H, Arons A B, Faller A J, 1958. Some examples of stationary planetary flow patterns in bounded basins [J] . Tellus, 10 (2): 179-187.

Stow D A V, Pudsey C J, Howe J A, et al, 2002. Deep-water contourite systems : modern drifts and ancient series, seismic and sedimentary characteristics. Geological Society of London.

Swallow J C, Worthington L V, 1957. Measurements of deep currents in the western North Atlantic [J] . Nature, 179 (4571): 1183-1184.

Talbot M R, Morley C K, Tiercelin J J, et al, 2004. Hydrocarbon potential of the Meso-Cenozoic Turkana Depression, northern Kenya. II . Source rocks : Quality, maturation, depositional environments and structural control [J] . Marine and Petroleum Geology, 21 (1): 63-78.

Tiercelin J J, 1990. Rift-basin sedimentation : responses to climate, tectonism and volcanism. Examples of the East African Rift [J] . Journal of African Earth Sciences, 10 (1): 283-305.

Tiercelin J J, Chorowicz J, Bellon H, et al, 1988. East African Rift System : offset, age and tectonic significance of the Tanganyika-Rukwa-Malawi intracontinental transcurrent fault zone [J] . Tectonophysics, 148 (3-4): 241-252.

Tiercelin J J, Potdevin J L, Morley C K, et al, 2004. Hydrocarbon potential of the Meso-Cenozoic Turkana Depression, northern Kenya. I . Reservoirs depositional environments, diagenetic characteristics, and source rock-reservoir relationships [J] . Marine and Petroleum Geology, 21 (1): 41-62.

Upcott N M, Mukasa R K, Ebinger C J, et al, 1996. Along-axis segmentation and isostasy in the Western rift, East Africa [J] . Journal of Geophysical Research Solid Earth, 101 (B2): 3247-3268.

Van der Veek P, Mbede E, Andriessen P, et al, 1998. Denudation history of the Malawi and Rukwa Rift flanks (East African Rift System) from apatite fission track thermochronology [J] . Journal of African Earth Sciences, 26 (3): 263-385.

Wheildon J, Morgan P, Williamson K H, et al, 1994. Heat flow in the Kenya Rift zone [J] . Tectonophysics, 236 (1-4): 131-149.

Willams T M, Owen R B, 1992. Geochemistry and origins of lacustrine ferromanganese nodules from the Malawi Rift, Central Africa [J] . Geochimica et Cosmochimica Acta, 56 (7): 2703-2712.

Wong H, von Herzen R P, 1974. A geophysical study of Lake kivu, East African [J]. Geophysical Journal of the Royal Astronomical Society.

Yemane K, Siegenthaler C, Kelts K, 1989. Lacustrine environment during Lower Beaufort (Upper Permian) Karoo deposition in northern Malawi [J]. Palaeogeography, Palaeoclimatology, Palaeoecology, 70 (1–3): 165–178.